生命沉思录

一代人的文化焦虑

①

曲黎敏 著

上海文艺出版社
Shanghai Literature & Art Publishing House

图书在版编目（CIP）数据

生命沉思录 . 1，一代人的文化焦虑 / 曲黎敏著 . - 上海：上海文艺出版社，2022
ISBN 978-7-5321-8227-5

Ⅰ．①生… Ⅱ．①曲… Ⅲ．①随笔－作品集－中国－当代 Ⅳ．① I267.1

中国版本图书馆 CIP 数据核字（2021）第 235414 号

出 版 人：毕　胜
责任编辑：陈　蕾
特约编辑：张雪雅
封面设计：刘冬冬
出版统筹：孙小野

书　　名：生命沉思录 1：一代人的文化焦虑
作　　者：曲黎敏
出　　版：上海世纪出版集团　上海文艺出版社
地　　址：上海市闵行区号景路 159 弄 A 座 2 楼　201101
发　　行：北京凤凰联动图书发行有限公司
　　　　　北京市朝阳区惠新东街甲 2 号住总地产大厦 15 层　100020　www.fonghong.cn
印　　刷：三河市金元印装有限公司
开　　本：700×1000　1/16
印　　张：20.5
字　　数：251,000
印　　次：2022 年 4 月第 1 版　2022 年 4 月第 1 次印刷
ＩＳＢＮ：978-7-5321-8227-5/I·6500
定　　价：56.80 元

目录

第一章

灵·诗·乐

第二章

饮食·男女

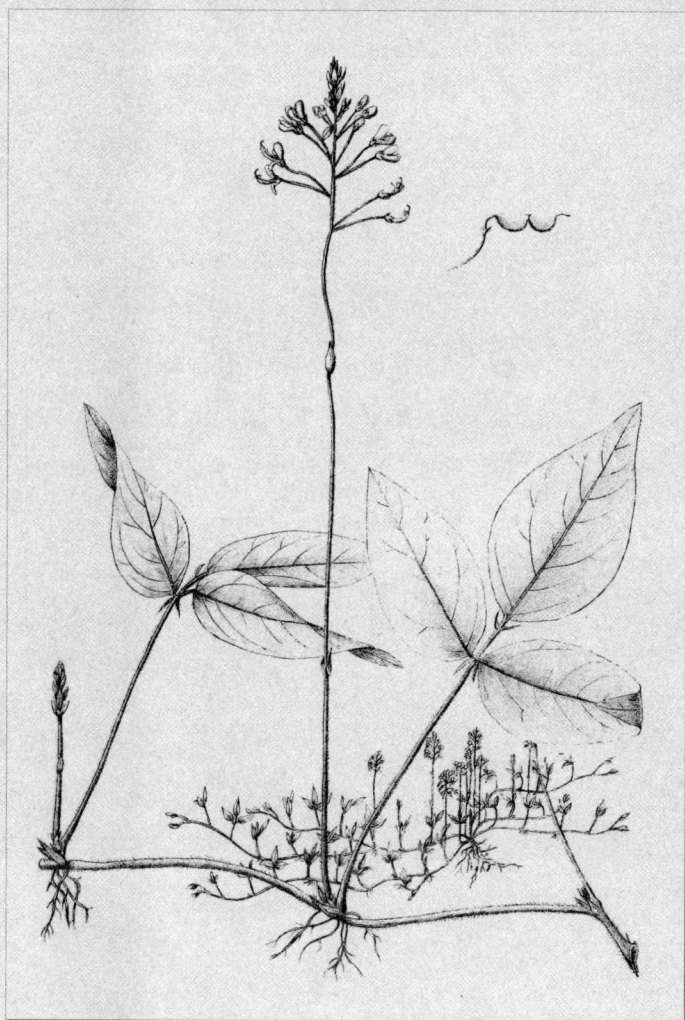

在生命的最深处，我和你可能都是绝对的悲观主义者，但
这并不妨碍我们积极乐观地活着。正是前者，决定了我们
人性及思想的高度，而且也决定了我们快乐生活的内涵与
界限。

时光已至 2020 年，人们似乎已经遗忘了在 2012 年时对世界末日的恐慌。但也有个有趣的说法，说实际上 2012 年已经有过世界末日，只不过我们浑然不觉，那之后的时光，都不过是梦幻。可在梦幻中，我们依然有着各种狂欢和堕落，如果我们感觉不到疼痛，那我们可能真的就是在梦幻中……

2020 年，中国的庚子年，又是一次新的开始，十二生肖又到了鼠年，不光是生肖，一定还有别的，会令我们记忆深刻。60 年前的庚子年，我的父母彼此还不认识，四年后，他们有了我，新生命总是值得祝贺的，有了我以后，他们便忘了原先的苦。所以上天给了我们一个好东西——我们没有什么是熬不过去的，时间久了，我们会遗忘，所有的当下都会成为过去。人，要么焦虑天灾，要么焦虑人祸，但这些都会过去。

《生命沉思录》三本书，是我的随笔，是我的心曲，好多人喜欢读，有人甚至一段段地抄写，因为觉得说出了他说不出、写不出的心里话。于是，在书里，我们相遇了，这种相遇比在生活中的相遇还可贵，因为没有生活的一地鸡毛，只有纯粹的心灵，所以高级。

　　因为太喜欢，所以，此次做了一些大修订，把这些年的一些想法和随笔补充进去，以满足那些和我在书中相遇的人。好比再度相逢，我们又有了新的欢喜和认知，只是一切还是那么安静，在午后光影和茶水的澄净中，我们彼此莞尔一笑，解了千愁……

　　　　　　　　　　庚子年 2 月 28 日写于元泰堂

原序1 ◇

『末日 2012』的醒悟

　　2011 年，人们总是有意无意地谈起 2012，那似乎是个标识，不是针对个人，而是针对全人类的一个考验，人们终于可以共同面对一场不确定的危机，并希冀在这场危机中让所有的苦难得到救赎。于是，人们由恐慌而敬畏，由敬畏而欢乐，怀着隐秘的热情，人们开始了对 2012 年仪式般的期待，甚至有点想看 2012 年笑话的意思，中国人从来不信邪啊。而我，也不想说什么养生了，我要说些比养生更重要的事情，比如亘古的男女，比如亘古的情感，比如未来，比如生死……写着写着，2012 年就到了。

　　你害怕吗？那是因为你还有所依恋。你不怕，那是因为你痛快地活过。或者生活，早已让你痛不欲生，或麻木。能一下子摊牌和了断，也是一种勇气。

　　所以，一种新的生活即将开始，我们人类正从对世界过度开发的反省中走出来，走向一种觉悟的生活，在新世纪里，将有人类灵性的无限放大，并耐心地等待地球在沧海变桑田的巨变中渐渐……修复。

等待，也许是一个漫长的过程，而且必须消除肉身的躁动，同时摊薄精神的不安与狂躁，必须身心合一，如同坚守在密闭的诺亚方舟里的祈祷……等待一个新的黎明和晨曦中的那只飞鸟。

| **曲解词语·焦虑** |　　"焦"字，上"隹"，为小鸟，下"火"，"焦"乃小火烤小鸟，属于慢慢地煎熬。"虑"为远虑。一切焦虑，都源于对未来的不确定、不肯定和难以把握，从而产生煎熬的感觉。

炼金术说，修炼要用慢火，要耐心地等待事物从量变到质变，这个"变"，不是慢慢地能让你看到或理解的"变"，就好比虫变成蝴蝶；而是飞跃式的突变，它令你目瞪口呆，不可思议，所以，炼金术士只有耐心地观察，并等待突变的到来……但是！不是人人都能等到突变的时刻。

天象已经太古，人类已经太老，我们已经不断地把"她"物化、神化、再物化、再神化……所以，我们必须给自己的唤醒和觉悟规定个时间，否则我们会继续沉睡。人生短促，那就把2012当作一个界标吧，在那以后的未来里，不仅要重新唤醒天象，也要唤醒人类的沧桑……

在生命的最深处，我和你可能都是绝对的悲观主义者，但这并不妨碍我们积极乐观地活着。正是前者，决定了我们人性及思想的高度，而且也决定了我们快乐生活的内涵与界限。

谨以此书献给 2012。

双鱼

不要以为我用手机微博了

就是愿意与那昏暗的现实

搭就和解的桥梁

不要以为我什么都说了

就已经遗忘了血脉里沉默的悲伤

知道什么是双鱼吗

就是一条鱼欢快地游走在白昼的时候

另一个自我正在夜的黑里哭泣徜徉

第一章

◇

灵·诗·乐

生是无明苦，老是无奈苦，病是锥心苦，死是游离苦，由此，人的一生，快乐成了一种奢侈，欢喜成了一种难得。但人活着，就要顽固地、坚强地"离苦得乐"。

一

灵

◇

人的差异性源于灵魂的差异，源于生命能量的差异，源于诗性和艺术性的差异。

中国传统医学认为，人与人的不同，源于"五藏神"的不同。

血肉是一样的血肉，人与人的不同恰是那血肉之中"神明"的不同。心神的强大与弱小，肝魂的稳定与飘忽，肺魄的沉着与动荡……决定了你我之不同。

万物有灵，肉身五脏六腑亦如是。在别人看来，那是一堆血肉；在我们看来，我们的爱、恨、情、仇就源自那堆血肉"精魂"的悸动……

| **精·气·神** |　人身所藏之精，譬如油；人身之气，譬如火；其光亮，譬如神。油量足则火盛，火盛则亮度大；反之，则油干火熄而光灭。

| 灵 | 中国的神话说寂寞的大神女娲用泥土捏了小人后，用呼吸赋予了他们灵动；希腊神话的开篇也说普罗米修斯用藏有天神种子的泥土混合着河水捏成了人形，并摄取了各种动物的心的善与恶，密闭在人的胸膛里，最后由智慧女神雅典娜把灵魂和神圣的呼吸吹送给了这生灵……

最早的神话说，神用泥土捏了我们的肉身，用气息灌注了我们的灵魂，此两大系统必各有其进化程序，人之一生，灵魂顽强地执着于肉身，肉身贪恋缠绕灵魂，都是没意义的。终归是，肉身归于泥土，灵魂归于神的荣耀。

所以"靈"字从三"口"，一个呼吸接着一个呼吸，人之性灵也随之一步步地升腾，直至形成冲破云雾的光焰。

在那源头，人类的开始多么相像！泥土是否在比喻我们固有的肉欲及物质性，而轻灵的呼吸则成就了我们的精神和神性？但很长一段时间，"我们不知怎样使用我们高贵的四肢和被吹送在身体里面的圣灵……视而不见，听而不闻……如在梦中"（《希腊的神话和传说》）。

所以，在那以后的时光里，我们要做的，只是要重新开启精神的灵动。

| 悟 | 觉也。就是睡醒来的那个感觉。从一个梦中醒来，从一个混沌中醒来，从死寂中醒来……总之，一切都已改观，一个新世界，生命也随之变新。

有时候，这一觉可能很漫长，有的人，可能一生都没有醒来。

当我们从梦中醒来的那一刻，当我们认识到命中注定的"苦"的那一刻，我们，也种下了来世欢乐的种子。

现在注重心灵修养的人越来越多了，是"觉醒"的一种标志吗？难说。有的人只不过是随大流的"自发功"，依旧是梦中呓语，糊涂盲从。而真正的精神修养，是清醒的"返观内视"，是精神之独立，是"自救"和"利他"。

个人灵魂的觉知只改变个体命运，而集体灵魂的觉知注定会改变集体的命运。所以，我和我们都要努力前行。

我渴望有几个这样的下午，和老子，和孔子，和苏格拉底，和柏拉图……在一起，不必说话，只是静静地感受他们的温暖和光芒。

但我知道，要走近他们，我要先完成我自己，成就那自我的光芒……

| **持戒** |　　自我修为为什么要先持戒？持戒是先管住自己的神魂意魄志，五藏神定了，人就无妄念，就纯粹专一，肉身也就安定了；然后由肉身的"定"养成习惯。当善德、善行成为一种习惯时，人就从一种被动中走出来了，灵就出来了，自我修为就成了一种自然而然的事，而非做作了。

对身体，对生活，对一切，当追求完美；但要明白的是：真正几于完美的只有心灵。

二

诗

◇

所谓糟糕的时代，就是没有诗的时代，就是感性被窒息、被扼杀的时代。人会越来越冷漠、越来越脆弱——这种冷漠和脆弱都缺乏人性，而充满了可怕的动物性。

在这世上，光做"人"是不够的，最好还要做一个诗人，最起码做个骨子里有诗意的人，那样你与世界的对话就丰富而且充满意义了。

| 诗 |　　由"言"和"寺"组成，言是心灵独语，寺庙是道场，那么"诗"就是道场里的长啸，是内心能量的外化，是修行者孤独的情感表达。

中国文学，最初是四言，然后是五言、七律，再往后是词，是曲子，是散文，是小说……越来越散漫，越来越曲折，越来越虚妄，越来越啰唆……心，也就越来越……涣散。

| 诗人 |　　是最原始的系统性思想者，他用词句组成意识的盛宴，

颠覆或强化你对世间的无穷感受。

《诗经·黍离》："知我者谓我心忧，不知我者谓我何求，悠悠苍天，此何人哉。"

《诗经·采薇》："昔我往矣，杨柳依依。今我来思，雨雪霏霏。行道迟迟，载渴载饥。我心伤悲，莫知我哀。"

《诗经·蒹葭》："蒹葭苍苍，白露为霜。所谓伊人，在水一方。溯洄从之，道阻且长。溯游从之，宛在水中央。"

这些都是愁苦灵魂的抒发。诗三百，一言以蔽之：思无邪。这三个字了不得，大境界啊。

|　**思无邪**　|　第一，就是"正思维"。人在做一件事情的时候，出发点要正。第二，真性情。真性情是什么？敢爱、敢恨、上古天真。

人内心深处的某种情感一定是超越语言的。快乐可以用舞蹈来表现，但是痛苦是表达不出来的，令人窒息。"微我无酒，以敖以游"：不是我没有酒来解我的忧愁，是困在我内心的忧愁太深了，即使喝醉酒也不能让我达到那种自由的状态。

|　**自由**　|　这两个字很有趣。自，指鼻子，指那种无觉知的畅快呼吸，呼吸如果被觉知，便是病态，只有无觉知状态下的呼吸才是正常的，无阻碍的。由，本意是拉便便。可见"自由"二字就是中医所谓"肺与大肠相表里"，就是上下通畅带给人的身心愉悦。

而不自由，就是生命被憋，被瘀阻，被遏制，并由此产生痛苦。

《诗经》：一切诗意的、高雅的、蒙太奇式的圆满。

中国应该有最唯美的电影，因为中国有《诗经》。

可惜，导演们都不看《诗经》。

不同的时代，人们靠诗来释放自我。

气势狂放莫如帝王：

刘邦："大风起兮云飞扬，威加海内兮归故乡。"（即便是流氓也得有大苍凉。）

曹操："周公吐哺，天下归心。"（即便是奸雄也得有大慈悲。）

朱元璋阉猪对联："双手劈开生死路，一刀割断是非根。"（即便是土匪也得有大决断。）

项羽的"虞兮虞兮奈若何"，就未免太妇人气了。

中国最伟大的诗（词）人是李白、李煜、李清照、苏东坡、辛弃疾……他们把一切绝望写尽，又从中引发生命的顽强。

"国家不幸诗家幸，赋到沧桑句便工。"（赵翼）

"词至李后主而眼界始大，感慨遂深。"（王国维）

看文学，实际上看的是文学境界，文学的境界从哪儿来？从作者的生活境遇和心境里来。唐以前的文章和诗词，都是以贵族的姿态出场的，文学到了宋词这儿，就以平民的姿态出现了。

网友问：古人诗词为什么总说"西楼"，少说"东楼"呢？

曲曰：李清照有"雁字回时，月满西楼"，李煜有"无言独上西楼"，李商隐"画楼西畔桂堂东"，为啥他们都爱说上西楼，而不说东楼、南楼，或北楼呢？因为"西"字本是群鸟立于巢上之象，西方主收敛，有肃杀之气，苍茫、悲凉、哀伤；东方主生发，雀跃积极，与诗人情志不符。无清肃、悲凉、沉淀，无以感言。

而李后主的"一江春水向东流"，却是愁肠百结，是沉郁没落到极点后的生发，是心已死，而恍惚之中一点生意的朦胧返光……

唯有痛苦令人沉思，因为在痛苦中，人要内求、外求、上求、下求，以求突破，所以，人只有在败落的痛苦中才能升华出深刻的东西来。而幸福，让人只想留住、留住，不要变化……人会因为软弱的执着和对命运的畏惧，而害怕改变，放弃追求。

世界会越来越乱、越来越热闹的，但必须坚守的一点就是——俺就是一字不识，也要堂堂正正做一个人。

● 关于春天的诗

（2016 年，我在喜马拉雅音频分享平台上讲了《诗经》一百首后，又想讲讲《唐诗》和《宋词》，写着写着，又去忙《黄帝内经》了，所以此处附上已写就的，以飨大家。）

中国文化里最不可大意的，就是春夏秋冬。春夏秋冬是什么？诗意地讲，是天意；理性地讲，是天道。少年是春、青春是夏、中年是秋、老年是冬，所以，春夏秋冬就是生命的样子，有了这四个阶段的不同，生命就丰富了一些。实际上呢，中国古人把春又分为三个阶段：初春、仲春、暮春；夏也有三个阶段：夏初、仲夏、夏末。于是，加上秋和冬的各三段，我们的生命便有了十二个不同的阶段，有了更多的丰富。那么我们在每一个阶段会怎样地绽放呢？如果我们的少年多了寒雪、多了风雪，那人生何其不幸、何其悲苦？！因此，对自然的觉知，并非只是一种诗意，更多的是要引发我们对自身命运以及宇宙命运的觉知和赞美，一旦我们自己的气血之流与自然之流合了拍，能够与天地共舞，我们会多么幸福！

初春最喜是惊觉。

早春二月，阳气尚微，向阳处，有树零星花开，但香亦弱，可醒眼，不足以醒鼻嗅，亦少蝶蜂飞舞。此时可悦目不能赏心。如赏孤女，羡其清秀，怜其淡雅，畏其脆弱，哀其孤贫。

可是就这一点零星，若被人无意间瞥见，却可能让人的心如沉寂了一冬的冻土松动，有一二小虫苏醒，蓦然间，也唤醒了懵懂的人生……

就好比王昌龄的那首《闺怨》。

闺怨（唐·王昌龄）

闺中少妇不知愁，春日凝妆上翠楼。

忽见陌头杨柳色，悔教夫婿觅封侯。

此少妇，当为新妇，刚刚开始陌生的人生，所以只知打扮"不知愁"。愁，是一种相对深刻的情感，是明白与享受了深深的情爱之后的感受，倘若只是与男人的初识和初会，还未能全然敞开胸襟，就未必能积淀下浓浓的爱意。想必这新妇与丈夫初会后便匆匆离别，所以全然还是少女心，只知独享自己的美丽，未必能绽放成熟女性的风骚。

在初春的早上，这女子化好妆容，登上翠楼，想看看外面的世界，她毕竟阅人少，阅世亦少，坐久了，便觉出无聊，这时，一个"忽"字跳出来，新妇游离恍惚的眼光定格在陌头杨柳，那杨柳的嫩、细、柔、绵，与她内心的嫩、细、柔、绵相撞了，碰溅出一点寂寞低处的悔意——她突然惊觉，原来她是如此孤独，这孤独，让她的美丽顿失了颜色，功名利禄是那么的黑暗和强大，不仅夺走了她的爱人，也夺走了她的未来……于是，她从"不知愁"到"悔"，从轻盈到沉默，一个女人，就此成熟了。

中国的诗人真了不起，王昌龄，一个边塞诗人，一个骑在马上的战士，居然把女人的情愫写得如此转折。到底是西北高楼上的少女打动了他，还是陌头杨柳的摇曳打动了他呢？反正，他不好意思写自己的"悔"，不好意思质疑自己高尚的志向，所以，他写了女人的"悔"。青春和美貌，就这么被辜负了，也辜负了天意。而世间最不可辜负的，就是天意。天意就是当下，就是这湛湛春光、群芳争艳、风和水软、鸟鸣林间……

男人的一生都纠结在志向抱负与享受人生的矛盾当中。是跨马横刀、杀人万千、取万世功名呢，还是沉溺在温柔乡里，左拥姬、右抱娃，享尽浮华更好呢？

这一切，终归无解。辜负了君王又辜负了卿，更辜负了自己。这，就是中国男人一生的纠结吧。

无意间发现了唐寅的一首言志诗，这是个游离于世外的艺术家，所以他反倒没有"王昌龄"们的纠结，他率真而直接地表述了自己的特立独行，只有无悔的人生，才是对得起自己的人生！他通过下面这首诗，倒给我们指了条明路——要想无悔，就要先知道自己不要什么。

言志（明·唐寅）

不炼金丹不坐禅，不为商贾不耕田。

闲来写就青山卖，不使人间造孽钱。

关于唐寅，我们更熟悉他另一个名号——唐伯虎，翻译过来就是唐大老虎。我们知道他画得一手好画，烂漫地点过秋香，但很少有人知道他写过这么一首好诗。

五个"不"字，以一种决然的态度宣告了自己的志向。

不炼金丹不坐禅——炼金丹是求不死，艺术家通常有对死亡的迷恋，拼命折腾自己以"求死"，因为"死亡"在他们的意识里是个大话题，是个终极大话题，正是在"死亡"的威胁下，他们的笔下才会幻化出至美至炫的事物。樱花，不就是在最绚烂的情形下，以飘落、以死亡，来完成对自己生命的救赎，让人们为它们的"刹那"，既哀叹，又倾慕……

"坐禅"是求"觉悟"，但艺术家更迷恋无意识的眩晕和顿悟，他们的精神总处在巅峰和低谷这两极，他们无法稳坐在人性的中间。他们并不稀罕"枯坐"带给他们的于生命意义不大的醒悟，他们要么在终极大门的这边欢呼人类精神的光明与璀璨，要么在大门那边的黑暗里沉醉和缄默无言……

不为商贾不耕田——"商贾"，是世间经济，恃才傲物与恃钱傲物是艺术家与商贾的根本区别。呵呵，艺术家讲究的脱俗，首先是摒弃"孔方兄"，他们至少不会亲手去碰那腌臜之物（所以艺术家要有经纪人或赞助商）。

"耕田"，艺术家是徜徉在山水之间的灵物，他们用眼、用心，描摹世间之美，假若真是耕田，于艺术家也是行为艺术，焉能靠耕田果腹？！

那他们靠什么呢？靠"闲"，一个"闲"字，托出了艺术家的命运和底蕴，世界是由闲人创造的，唯有"闲"，才能感知世界、发现世界、创造世界……永远低着头辛苦劳作的人，是没有天空和万千星辰的，闲来写就青山卖，不使人间造孽钱——总之，要想活得自在，就得有大本事，蓝天白云皆为我所用，青山绿水更是我灵性的源泉！

能够跟世间一切看似重要的东西说"不"的人，世上寥寥无几，一个敢死的人，一个能真"闲"的人，除唐伯虎，还有谁呢！

人生最怕首鼠两端，最终坠入一事无成。相较于唐寅超然世外的决绝，能深深地入世，也能决绝的，便也是英雄，比如下面这首王安石的《浪淘沙令》。

浪淘沙令（宋·王安石）

伊吕两衰翁，历遍穷通。

一为钓叟一耕佣。

若使当时身不遇，老了英雄。

汤武偶相逢，风虎云龙。

兴亡只在笑谈中。

直至如今千载后，谁与争功！

这首词翻译过来就是：

伊尹与吕尚，两个老衰翁，

一个曾是渔翁，一个曾是耕田的佣工。

吃了万般苦，

假若不遇商汤和周武，

哪个老了，敢称英雄？！

云从龙，风从虎，

我若有幸逢汤武，

兴亡只在笑谈中。

直至如今千载后，

谁敢与我争其功！

伊吕，指伊尹与吕尚。伊尹名挚，尹是后来所任的官职。他是伊水旁的弃婴，后在有莘（今河南开封）农耕。商汤娶有莘氏之女，伊尹作为陪嫁的奴隶来到商汤身边。后来，汤王擢用他灭了夏。伊尹成为商的开国功臣。吕尚姓姜，名尚，字子牙，世称姜子牙。他晚年在渭水河滨垂钓，遇周文王受到重用，辅武王灭商，封侯在齐地。

"衰翁"，衰老之人，指伊尹与吕尚二人都是大器晚成，很老了才被重用。

正因为王安石有如此信念与抱负，虽命运多舛，但终能在政坛大展身手，成一世功名！

男人这一生，活得真累。

由王昌龄的"悔"，到唐伯虎的"狂"，再到王安石的"执"，我个人最喜欢的还是苏东坡玲珑透彻、禅意十足、醉生梦死的《满庭芳》。

满庭芳（宋·苏轼）

蜗角虚名，蝇头微利，

算来着甚干忙。

事皆前定，谁弱又谁强。

且趁闲身未老，

须放我，些子疏狂。

百年里，浑教是醉，三万六千场。

思量，能几许？

忧愁风雨，一半相妨。

又何须抵死，说短论长。

幸对清风皓月，

苫茵展、云幕高张。

江南好，千钟美酒，一曲满庭芳。

翻译过来就是：虚名如蜗牛的犄角，利益不过是苍蝇那点肉，算来算去忙个什么？万事皆前定，谁强谁弱哪堪说？！且趁闲身还未老，让我略展些疏狂，百年三万六千天，让我醉——三万六千场。（这是要天天醉的意思啊！）

思来想去，能几何？欢喜忧愁如风似雨，各占一半又何妨。又何须拼死，说喜短、论愁长？有幸对此清风皓月，绿荫千展、白云高卷，江南如此好，更何况，还有千钟美酒，一曲《满庭芳》……

无悔、无狂、无执，参透一切，人生便是欢喜忧愁各半的春梦一场……

哎呀呀，我承认我扯远了，我把初春的惊觉带入了名利的虚无与清风明月的真诚中，但诗歌的灵性很容易把我们带进生命的散漫和意识流当中。你权当我昨夜醉了，但我没本事像东坡那样醉三万六千场，所以此时从醉中醒来，继续在初春的惊觉中徜徉。

　　同样是初春的惊觉，王昌龄的《闺怨》把少女变成了少妇，而韩愈的《春雪》却把一个男人变成了孩子。

春雪（唐·韩愈）

新年都未有芳华，二月初惊见草芽。

白雪却嫌春色晚，故穿庭树作飞花。

　　春天，诗人大多写芳华，但韩愈此诗却写了一场不期而遇的春雪。北方新年的料峭，让盼春的人有些焦灼，韩愈此诗的第一句"新年都未有芳华"，就是这焦灼、无奈和期盼，所以才有"二月初惊见草芽"的惊喜。墙隅的一点绿色在阳光下闪烁，让诗人的心蓦然欢喜，但更大的欢喜还在后头，一场飞雪不期而至，大雪，把北京变成了北平；大雪，把江南变成了天堂。深冬的雪，是孤独者的冷峻；而春雪，则是孩子般喜悦的飞花……黑黢黢的枝杈上白雪堆积，晶莹剔透，比任何花朵都夺人心魄，面对大地的素颜和静美，每个人都仿佛回到了童年……

　　从来都是，雪花飘舞，世界便是童话。圣洁与单纯，让每一个人都拥有了一个新世界、新心灵，哪怕只有一瞬间，那一刻的返老还童都无比珍贵甜美……

　　如果说春雪是童话，那么春雨，便是人间。且看杜甫的《春夜喜雨》。

春夜喜雨（唐·杜甫）

好雨知时节，当春乃发生。

随风潜入夜，润物细无声。

野径云俱黑，江船火独明。

晓看红湿处，花重锦官城。

　　当春雪成为春雨，我们便回到了人间。人间，就是分分秒秒，就是从夜到晓，而不是一瞬间。此诗通体精妙、纯熟老辣。"好雨知时节，当春乃发生。"雨，分好坏吗？分啊。知时节、懂人意、滋润人心的雨才是"好雨"，不知时节、毁物暴堤的雨就不好。一个"好"字，让人心悦神怡。其实，春天的一切都是"好"，为什么呢？因为春天是生发时节，《黄帝内经》曰"春三月，生而勿杀，予而勿夺，赏而勿罚"——真真好句。春天将三重善意给予了生命：生发、给予、奖赏，这三重善意就是"好"。

　　生发之际的土地，绵软；生发之际的雨，要有春之细绵、柔和，如此才有土地如新生儿般的吸吮，才有滋润草根嫩芽的泥泞。所以第二句更见妙笔——"随风潜入夜，润物细无声"。风，是柔柔的春风，一丝丝寒中带着一丝丝暖；雨，是细细的雨，悄无声息地在夜的黑暗中飘……唯有神之精微，才能体悟这初春风雨的轻巧与曼妙。

　　老杜是写雨的高手，写夏雨，"雷声忽送千峰雨，花气浑如百合香"（《即事》），雷声疾迅，雨后花气更浓；写江上风雨，"风气春灯乱，江鸣夜雨悬"（《船下夔州郭宿》），气势猛乱。每每可见老杜之气质雄厚！

　　第三句："野径云俱黑，江船火独明。"此句对仗极工整，且以画法为诗法，野径之上，暗云翻卷；江船独钓，一灯独明。视角由近而远，由面而点，写景皆是写情，有苍天之宏阔，亦有小灯之温情。

　　第四句："晓看红湿处，花重锦官城。"这雨下了一夜呵，在拂晓前停了。每一个从睡梦中醒来的人，都从湿润的花瓣上，从层层叠叠绵延不尽环绕锦官城的花树上看到了昨夜的春雨，也嗅到了早春的芳香……

真美，这让我想起了那一年，四月，去日本看樱花，密密匝匝，花团锦簇，在细雨中飘……

然后，还有王安石的《春夜》。

春夜（宋·王安石）

金炉香尽漏声残，剪剪轻风阵阵寒。

春色恼人眠不得，月移花影上栏杆。

宋代，是生活艺术化的鼎盛时期，人们喜欢华服、焚香、喝茶等，整得日常生活跟画儿似的。这不，老王在深夜里焚香、听漏，其实这是老王失了眠，失眠就失眠吧，他愣说是春色恼人，害得他一遍遍到院落里感受"剪剪轻风"，夜深时再去，自然"阵阵寒"了。

早春之时，人易失眠，为什么呢？春天为肝之生发之机，气冲得快，但血升得慢，脑髓精不足，则白日虚恍、犯困，夜又不能寐，但大多数人后半夜就睡安稳了，唯独老王心怀天下，故"漏声残"时，还不得眠。儒家嘛，都入世太深，忧国忧民，大多有失眠症，比如东坡也有"转朱阁，低绮户，照无眠"，呵呵。陪伴他们的通常就是月亮、花影、栏杆、朱阁、绮户等，而绝少有"五陵年少争缠头，一曲红绡不知数。钿头银篦击节碎，血色罗裙翻酒污"（白居易《琵琶行》）里的那种奢侈放荡的生活。在他们的诗里，很少有女人或红楼，他们谨慎而自律地活着，偶尔写点思念妻子的诗，并且情深意长。

相比之下，李商隐的春夜则丰富暧昧得多。

李商隐的春应该都是仲春吧，因为仲春最容易展现爱情。浓烈，但不见得有结果。

仲春，阳气最青春，最天天。花亦繁亦盛，香亦浓亦饧，惹蜂采之，人亦跃动惊喜，既赏心，又悦目。此花方尽，那花又来，人可一路追寻，如赏众女，各有佳处，无限窈窕，香软异常。常欲摘采，或插之于青瓶，或之于两鬓，狂嗅其香，狂掠其容，此枝枯萎，尚有其他，追春踏春，令人不知厌倦。

无题（唐·李商隐）

昨夜星辰昨夜风，

画楼西畔桂堂东。

身无彩凤双飞翼，

心有灵犀一点通。

隔座送钩春酒暖，

分曹射覆蜡灯红。

嗟余听鼓应官去，

走马兰台类转蓬。

这真是春风沉醉的夜晚啊。"李商隐"们不是失眠，而是刻意不睡，舍不得睡。因不得志而宁愿流连酒宴，又因白天总在回忆，故"昨夜星辰昨夜风"，这是回忆啊，"画楼西畔桂堂东"，还有比夜晚的星辰、微风、河畔、画楼更撩人心意的吗？沉迷于这样的夜晚，谁白天有精神工作呢？谁贪恋那名利的成功呢？这春夜实在是太美好了，温暖、潮湿，筵席对坐的女人风情万种，眼波如盈盈春水，脸颊上有一抹神秘的酒红，不必说话，一瞥一颦，就足以撩心动肺。"身无彩凤双飞翼，心有灵犀一点通"——多么美妙啊，一切都没有发生，一切又已经发生，一场酒席游戏中只可感应而又尽在不言中的爱情，只会比真实发生的爱情更让人浮想联翩、反复回味……中国有个成语特别棒：惊鸿一瞥，写眼神的力量，这一瞥，让整个寰宇在短暂的窒息后，又开始了黏稠的、眩晕般的扭动。

"隔座送钩春酒暖"，春酒应该是清冽的，但眼神给春酒升了温度。"分曹射覆蜡灯红"，蜡灯的红，本应该是昏暗的，但源自心灵的爱情呼吸，却让烛火有了神秘的跳跃和光亮……

本来一切好像都成熟了：有了心灵相通，有了眼神的你来我往，甚至有了指尖的轻触，但这时要去上班的鼓声响了，天也麻麻地透出月牙白，于是在一声无奈的叹息中，一场爱情戛然而止了，生命也顿时变得苍白——"嗟余听鼓应官去"，这是感叹美好的一切都被要上班去的鼓声打断了，从夜宴中离开的诗人，仿佛精血已然耗尽，生命好比无根的蓬草，又开始了世俗无聊的生活。"走马兰台类转蓬"——走，古代是"跑"，在此处写出了自己对夜宴那份情愫的不舍，也写出了点卯上班去的无奈，走马，就是快马加鞭，在一切快速扬起的尘埃中，人物化成"转蓬"——旋转的、无根的蓬草，生命的意义也开始黯淡。

总之，心有灵犀的爱情，是美的；走马兰台的仕途，是苦的。夜晚，拼命地熬；白天，必然是一种失神的飘摇。有谁知道，到底什么是真正的生活？总之，在诗意的、伤感的李商隐笔下，白天，永远苍白无力，永远赶不上夜晚的那份沉醉与丰富。

这个李商隐还喜欢两个意象——春蚕和夏蝉。春蚕似他苦熬而又永远不肯打开的心，夏蝉则是他心比天高命比纸薄的命运。

先看"春蚕"。

无题（唐·李商隐）

相见时难别亦难，东风无力百花残。

春蚕到死丝方尽，蜡炬成灰泪始干。

晓镜但愁云鬓改，夜吟应觉月光寒。

蓬莱此去无多路，青鸟殷勤为探看。

　　据说能考证出来的李商隐的爱情有三次，一次是个道姑，一次是沦入风尘的小姑娘，还有一个就是妻子，而不经意发生的暧昧可能有很多。一个敏感而多情的人，怎会没有故事？更何况，女人真是值得爱呢，每个女人都有她独特的一面，而浪漫的诗人始终会为这独特的一面流连。

　　第一句"相见时难别亦难，东风无力百花残"，写尽了每一对不能遂愿的恋人的无奈和苦涩。"相见时难别亦难"，两个"难"字写得苦，爱情的美都走在思念的路途上了，总是相拥的时刻就是离别，这让人情何以堪！"东风无力百花残"，这哪里是写东风的无力啊，这是在写诗人的心，就像无力的东风和残破的花朵，扶不起，又浓得化不开。

　　春蚕，一个生命被紧紧裹挟的意象，打不开，又耗尽了生命。蜡烛，一个在深夜里流泪的意象，一个在明亮处黯淡无光又挣扎的形象。生命到底有无意义呢？也许，走到尽头，我们才能明白些许吧……春蚕到死、蜡炬成灰——其中有一种决绝，又有一种誓言，贾宝玉对黛玉的情爱就好比"春蚕到死丝方尽"，而林黛玉对宝玉的情愫就像"蜡炬成灰泪始干"，原来，最纯粹的爱情，一定以性命相抵！

　　"晓镜但愁云鬓改，夜吟应觉月光寒"——女人每日晓镜都怕自己容颜老去，男人每日夜吟都怕江郎才尽。灵魂的匹配在爱情中最为珍贵，女人美丽的容貌和温柔的性情是诗人的缪斯，男人非凡的才情是女人的恋恋笔记啊。

"蓬莱此去无多路，青鸟殷勤为探看"——去仙境的路原无觅处，唯有青鸟可以常去看顾。人间，靠鸿雁传书；仙境，有青鸟探问。青鸟，犹如诗人的灵，往东海飞；而哲人，却骑着青牛一路向西去了……

我们，怎么办，向东还是向西，还是无问西东？

再看"夏蝉"。

蝉（唐·李商隐）

本以高难饱，徒劳恨费声。

五更疏欲断，一树碧无情。

薄宦梗犹泛，故园芜已平。

烦君最相警，我亦举家清。

此诗，闻蝉之声而兴，以蝉之高洁自警，喟叹身世之沦落飘零。蘅塘退士评曰："无求于世，不平则鸣；鸣则萧然，止则寂然。上四句借蝉喻己，以下直抒己意。"

"本以高难饱，徒劳恨费声"—— 一个"高"字，把自己悬在了空中，知道了高处的好，就再也落不了地。但精神的清高必定有世俗的匮乏。蝉鸣的徒劳在于缺少呼应。

"五更疏欲断，一树碧无情"——五更时分蝉鸣渐渐归于寂静，一树青翠与茂盛遮蔽了蝉的存在，就是无情。

"薄宦梗犹泛，故园芜已平"——小小的官职让我如小树枝那样四处漂泊，而家乡故园已然荒草丛生。

"烦君最相警，我亦举家清"——时时以你（蝉）作为人生的警醒，我和你一样，生命都是那么高傲清明。

蝉，本是夏天的动物，但若没有春风的鼓荡，任何生命都无从飞扬。"風"字里有虫啊，那就是生命的精虫。

所以我们回到春风。

春风（清·袁枚）

春风如贵客，一到便繁华。

来扫千山雪，归留万国花。

关于风，《黄帝内经》有《九宫八风篇》，说："风从东方来，名曰婴儿风"，"风从东南方来，名曰弱风"，这就是春风的比喻：像婴儿那么柔软、细腻，在似有似无中，化了天地万物。

"春风如贵客，一到便繁华"——春风因何而贵？因为它吹化了冬日生命的凝聚，风马牛不相及，但风千树而相及，风，从来都是媒人，让雄蕊、雌蕊接了吻，于是便有了繁华……

然后便是暮春，阳气趋熟，花叶俱荣，有香有味，蝶飞蜂狂。人之感知亦开始迷惘混乱，亦喜亦怅，知时不我待，春花得暮春之雨，始有摧折，其收拾不起，又挽留不得，使人赏心变忧心，悦目变迷离。既有劫掠之心，又有不忍之意，既是知己，又是狠心弃我而去之无情之人……无可奈何之际，人由花逝而怜己，由花老而恨己老，无限感慨，理想就此终结，于此时，花落地，而人坠红尘。从此不恋荼蘼事，一心只念炊烟直。

可落花也是花哦。

武陵春·春晚（宋·李清照）

风住尘香花已尽，日晚倦梳头。

物是人非事事休，欲语泪先流。

闻说双溪春尚好，也拟泛轻舟。

只恐双溪舴艋舟，载不动许多愁。

春风停息，百花落尽，花朵化作了香尘，天色已晚，就任凭头发凌乱吧。风物依旧是原样，但人已无踪相随。

踏莎行·春暮（宋·寇准）

春色将阑，莺声渐老，

红英落尽青梅小。

画堂人静雨蒙蒙，

屏山半掩余香袅。

密约沉沉，离情杳杳，

菱花尘满慵将照。

倚楼无语欲销魂，

长空黯淡连芳草。

读这首词让人想笑，寇准，一个宰相，一个成熟的老男人，居然也有如此绵密细腻的心。

通篇都是"有心无力"的写照，暮春给人的绝望是真实的，它没了初春的"萌"和"软"，也没了仲春的"明"和"艳"，它的颜色是深深的黯淡，黄莺的叫声都不再清脆，而显出苍熟。花儿都落尽了，但枝上的青梅却还小，由成熟的树叶簇拥着。人呢？却踟蹰着，不知怎样从暮春走向夏天……这时，窗外细雨濛濛，屋内余香袅袅，别忘了这是画堂哦，画什么呢？春天将逝，色彩从绚烂归于单一，生命从活跃归于平静，密约与离情都已经沉沉杳杳，无从捡拾，夜灯独挑，心灰意冷……

　　人生总有这种日暮兼人心荒凉的时刻，总有想说什么，却因为深知说出已全无意义而选择沉默的时刻，内心汹涌，却倚楼无语，长空渐渐沉入昏暗，芳草也随之黯淡。

　　以老杜的一首结束这个春天吧。

绝句漫兴九首·其四（唐·杜甫）

二月已破三月来，渐老逢春能几回。

莫思身外无穷事，且尽生前有限杯。

　　平生最爱老杜的那句："星垂平野阔，月涌大江流。"此二句之沉雄重阔，洗却千年尘埃。但老杜的这首"渐老逢春"，同样苍凉。

　　老来逢春是件尴尬事：少年的春天是应景，全无用心；老年的春天是伤情，欲说还休。三月、四月如此迷人，苍老却是这绚烂春天的精魂，又黑又亮，稳稳地戳着喜春又伤春的心窝。老年人尽是身外无穷事，怎能不想？可想归想，能做的又有几何？生前美酒已有限，嘴无味，心已硬，春风拂皱面，人生恨无穷啊。

⚫三

乐

◇

能作用于人的"神明"的，除了诗，还有音乐。

人不能控制神明，但可以干扰神明。

知音最好是琴声，而不是对话。知音不必对话，远远地击节、赞叹、点头，即可。

| 乐记 |　　知声而不知音者，禽兽是也；知音而不知乐者，众庶是也；唯君子为能知乐。

| 声 |　　是本能的号叫，只是简单地传递信息。比如，屋里突然闯进来一群强盗，我们一害怕发出的"啊"，就是本能的"声"，代表心受到了震动，因为"啊"为心音。

| 音 |　　是调子，是情绪的表达。凡情绪，就有可能走极端。不知节制、不知约束自己情感者为众庶，为百姓。

| 乐 |　　有情感的层次和起伏，发乎情，止乎礼义。能战胜自己

情欲的才是君子。"乐"就是调子组合在一起好听了，和谐了，有韵律了，这种和谐之道叫作"乐"。"唯君子为能知乐"，意思是只有君子才能守和谐之道。"乐"既可以念"yuè"，也可以念作"lè"，音乐和快乐是一回事。"药"讲究和谐配伍，与音乐同；讲究"通利"，与快乐同。

古代的《乐记》为什么消失了？

答案：1. 被诗（韵）替代了。2. 知音太少或中国人太含蓄了，不好传承。3. 汉字太丰富和多义。4. 音乐只有在恋爱、婚礼、葬礼时还用，因为这时语言是多余的。5. 肾虚，耳力不好了。

"君子乐得其道，小人乐得其欲。"——君子的快乐与"道"相符，得其大道则大乐，不得其道则深忧；小人的快乐与"欲望"相符，得其欲则高兴，不得其欲则苦。

总而言之，何谓君子？君子就是有"度"，圆融；百姓就是一条道走到黑。（譬如养生，你要说吃什么好，百姓就是一口气吃到底，而明白人知道什么吃久了都有偏性，而且还得分什么人吃。）

| **君子·小人** |　　孔子说"君子怀德"，意思是君子倚仗内心的富足，所以无怨；"小人怀土"，指小人过分依赖环境，喜欢抱怨。

人生，若能做到无怨无悔，快乐自在，也是圣境。

人的一生：兴于诗——情动于中，发言为诗；立于礼——人性约束；成于乐——和谐人生。

| **兴于诗** |　　实际上是指人和自然之间的那种感应，人类一求情感的满足，二求对事物的认知。所以，"兴于诗"指人一生的生发先从情感的抒发开始。

在《诗经》中，凡是平民写的诗都没有"兴"，都直来直去的，饥者歌其食，劳者歌其事。凡是贵族写的都有"兴"，香草美人以喻高洁，蒹葭风雪以喻沧桑。贵族就是"暧昧"和"委婉"的代表，他们表达感情及潜意识都要丰富些。

| **立于礼** |　　是说人要在世界上站住脚，就得有规矩。"礼"是什么？就是规矩。就是要承担社会的责任。

| **成于乐** |　　是说人生在世，光会表达感情和懂得规矩，是远远不够的，离君子成功之道还有差距。要想成为对社会有贡献的人，还要懂"乐"，"乐"是什么？是和谐，只有懂得阴阳之道、和谐之道的人，才能真正地成功。人先学诗懂得情感，懂得人情，然后懂规矩，知道人与人之间怎么相处，最后懂得和谐之道，就 OK 了。

古代乐器有"南琴北瑟"之说。南面对应的是琴，指情性之宣散；北面对应的是瑟，指情性之敛藏；东面对应笙，代表生发之机；西面对应磬，由金石而做，代表肃杀之气；中间对应埙，陶土所做，呜呜咽咽，调四方之音，守中庸之道。所以，孔子最喜欢的乐器就是埙。

中国古代宴席上常演奏音乐，乐器以丝竹为主，"龠"以陶土制成，类似于埙，用来调和六音。中医认为：土为中央也，"龠"即为音乐之土，是音乐中的中央之音，用以调和引导各种音乐。就是说，在整个乐队中，它不显山露水，但如同长老般淡定，并不露声色地指挥着全局，像极了中药中的甘草。

在古代，有两种人最懂调和之道：一为乐师，二为厨师。

他们都被称之为"师"。"师"，就是定规则、定原则的人。

高雅的乐师与朴实的厨师风马牛不相及，为什么却都是最懂调和之道的人呢？

我们每天都要吃饭，吃饭是一种最基本的养身之法。而音乐养的是人的灵魂。古人认为，世界上唯一能作用于人类灵魂的东西，就只有音乐。

中国传统文化一再强调身心不二，就是身体和心灵是一个整体，人若只养好了身体，而没养好心灵，那就是行尸走肉，不叫养生。养生不仅局限在肉体层面，肉体与心灵的调和才是真正的养生之道。既有健康的身体，又有美好阳光的大情怀，才叫身心的康健。

中国古代讲"晨钟暮鼓"，这是什么意思呢？本来早晨应该敲鼓，兴生发之气，晚上应该鸣钟，主收敛。但是在古代寺庙里，早晨都是敲钟的，这就要告诉你生发不可太过，要收敛着升；晚上反而敲鼓，暗示要缓慢地降。这，就是"反者道之动"。

大道都讲反复之理，尤其是生命之道、做人之道。

（四）

人

◇

　　人有本性、德性、悟性、根性、习性……所以，要想把人看全面很不容易。

　　| **本性** |　　人在整个生物链条中，由先天脏腑神明所决定的特性。

　　| **德性** |　　是本性不再蛰伏于肉身，而是外散出来，可以温暖或黑暗他人以及这个世界的特性。它太容易受到环境的影响，有时候，我们自己都会被它的多变吓得瞠目结舌。所以，"认识你自己"是一件多么艰难的事情，又是一件多么值得我们去努力的事情。

　　| **悟性** |　　从梦中醒来的能力，觉悟的能力。它需要契机，需要我们自身的努力。

　　| **根性** |　　指人先天的禀赋，与你修习的目标有关。比如孔子六岁学俎豆祭祀之礼，就是自己的根性。

　　| **习性** |　　由习惯、环境所生成，属于后天。你眼之所见、耳之

所闻、鼻之所嗅、舌之所尝、身之所触、心之所喜恶，都会对形成今天的你起到至关重要的影响，所以，我们怎能不战战兢兢，怎能有丝毫的懈怠，而放松对自己品质的要求……

没贪心，就少有痛苦，就恬愉宁静。有贪心，就思伤脾、忧伤肺、恐伤肾，更主要的，还要忍受磨难。为了那么点外在的，失去那么多内在的，不值。

什么是"我"？很多人不愿自问，更无暇自答。高级点的认为：肉身即我。吃、睡、恋爱等皆为愉悦肉身。更高级的认为：肉身不是我。故可以放浪形骸，或禁食、禁欲以求见真我。若能肉身病我不病，肉身饿我不饿，方得不增不减不垢不净之真我，便对必死之肉身之前程无所畏惧了，便得了自在、如来、如去之悠然欢喜。

人身难得，真法难闻，中土难生。其中，得人身，要三缘和合——父精、母卵和灵魂。得真法，要参悟，要机缘，要有引路的人。得中土，要五行俱全为最上。

但常常，人"悟则易悟，了却难了"。明白了还做不到，就是人的困境。

人人都说明白了，人人都还糊涂着。

| 生老病死 |　　生是无明苦，老是无奈苦，病是锥心苦，死是游离苦，由此，人的一生，快乐成了一种奢侈，欢喜成了一种难得。但人活着，就要顽固地、坚强地"离苦得乐"。

所谓灵魂不朽的观念，是诗意的而非宗教的，所谓诗意，是让人更了解生命，更热爱生命。

人的一生是来重修的吧，所以，要好好珍惜。

来此一生，有使命固然好，做陪读、做陪绑也好，做疏离的玩家、来看热闹也好，一切不过了愿而已。每个人，都须乐观地、积极地活着；而在生命的最深处，有无对世界的悲观及悲悯的态度，却是一个人能否觉悟和成就的关键。

从这一点而言，思想家、哲学家、宗教家们的根底应是悲观主义，没有对人类苦难的沉思，就没有他们思想及视野的高度。

我能不能用沙哑的歌声就把你疗愈了；我能不能用低沉的耳语就为你疗了伤；我能不能用安静的拥抱就为你抚平了痛苦……可我的内心多么绝望多么悲伤，因为如此伟大的秘药，无人相信，无人赞叹，无人认领，无人知晓，于是，我只好身着华美之盛装，在黑暗中独自舞蹈……

有时候，人是多么不可救药。

如果你是盲人，我点火把又有何用？

于是，从他们的眼里和我们的眼里，泪水潸然而下……

五

伟大的人和伟大的文化

◇

有人问孔子："'黄帝三百年'是什么意思？"孔子答："生而民得其利百年，死而民畏其神百年，亡而民用其教百年。"一个伟大的人对自己民族文化的贡献和影响，就是这么深远。

不错，是人在创造历史，在书写历史，但其中，是伟大的人和强者在创造文化，并为这个世界的众生制定规则。而那些为了让人生活得更好、让人类的未来更光明的东西，就是经典。

所谓经典，都是智慧之书，而不只是知识之书。经典是这个民族对宇宙自然及生命的感悟与认知，是可以让一个民族怀着隐秘的热情世世代代反反复复去阅读的书。虽然这个民族多灾多难，但也福报匪浅。

| **文化** | 一个民族的思想、行为方式及个性的积淀。一要继承，二要传承。

对于传统文化，凡用心者，都可"继承"；但"传承"者需要有更

多的禀赋——气势、气度和尊严，否则，传承无力，无磁场，无感召力。当然了，好的、有悟性的继承者会渐渐地"相由心生"，有法相了，自然可以担当"传承"之要务。

孔子，就是中国文化最重要的一个传承人。而且，他是个大诗人——"逝者如斯夫，不舍昼夜"，万事万物都流逝如滔滔江水，昼夜无休，在天地间循环的，是他无尽的沧桑与高尚的情怀。

中国式追求分两种境界：一种是要做圣贤，一种是要功名富贵。其实，这也跟气血性情有关，做圣贤，要气血彪悍，刚直质朴，下得了死心。气血柔和，精明善巧，下不了死心的，得功名富贵易，做圣贤难。

孔子68岁返鲁，69岁在人生达到自由境界的时候删诗书，定礼乐。

六十而耳顺（遂顺众生），七十而从心所欲（自由境界），不逾矩。

人，60岁前是"知"，60岁后是"觉"。人人都应如是。

孔子在60岁之前处在"知"的阶段，60岁之后是"觉"的阶段。60岁之后退休在家，大家就靠60岁之前的积淀去觉悟吧，前面人生的积淀、人性的积淀有多厚，后面就有多高的觉悟。

60岁之前的"知"看的是厚度，厚度向下；60岁之后的"觉"看的是高度，高度向上。前面能有多厚，后面就可以有多高。一切都是阴阳之道。

《诗》《书》《礼》《乐》《易》《春秋》是孔子在自由状态下删定的书，大家说该不该学？！

所以，看孔子的境界，不是看《论语》，而是看六经。

孔子有名，并不是因为《论语》而是删定六经，他是给中国文化制定规则的人，是中国文化的总设计师。而且，他有教无类，把贵族专属的东西普及给大众。

中国的十三经基本都是儒家经典，而《道德经》《黄帝内经》等归为"子书"，譬如《诸子集成》。所以读"经"总是有点倾向性的问题。无论如何，古代说"经"是"微言大义"，要想读懂绝非易事，但读懂了可是受益匪浅，因为"经"是孔子在人生的自由境界下而非人生困顿时完成的，所以，它代表着人生的一个高度，值得我们去攀缘。

所谓"经学"，是孔子周游列国失败后的反思。3000 年前不被接纳的东西，现在就能被接纳了吗？有时候，幼稚天真的不只是小孩子。

孔子的伟大精神就在于：明知不可为而为也。他坚持着自己的理想与信念，并坚信，人终有一天会走出愚昧，终有一天会超越自我，终有一天会实现他君子淑女的理想国。

孔子的理想，是君子淑女国——在这里，情欲不是张扬的，而是温和的；思想不是极端的，而是端正无邪的；人性不是拘束的，而是自觉的。他的目的不是强迫你彻底地觉悟，而是要你承载人性的弱点，不断地修正自我，不断地接近圣人（控制自我）；要你安于世间所给予的一切：爱情、家庭、父母、子女……并借由你的付出，使得这世界尽可能地美好。

孔子圣明，从来没要求人一开始就做圣人，他要求大家只要做一个好人就可以了。好人是什么样的？就是君子和淑女这样的——男人温文尔雅，深沉少语；女人温顺贤淑，知书达理。

中国文化的最高境界是：朝闻道，夕死可矣。

死亡，是对生命最强烈的表达。

学得杂，不若专精一门。如若只想炫耀，尽可以东一榔头西一棒槌，天花乱坠地说。但人生苦短，即便不能经世济民，也要对得起这一世的来。所以，浪子也有认真较劲的一点东西，没那一点点认真，就真成了浮生里的游魂了，没了目标，也就没了彼岸。

有时候我们理解一个事物，单单依靠生命的表层经验是不行的，唯有依靠艺术家般的洞察力才能探知端倪。生命是最神秘的事物，中焦运化能力堪比远古的炼金术，捡拾精粹和祛污除秽，非人之脑力所想当然，属不可思议一事。所以养生之道当为形而上，多养情操和格局，而非吃这吃那的小纠结。更何况，各路专家今天说这个抗癌，明天又说这个致癌，可见他们也在做表面文章，而缺乏对生命的尊重与敬畏。

"传统"不是"过去"，而是时空的不断延续，它存活于现在，连接着过去，同时也包蕴着未来。它是如此地开放，由于它的存在，我们可以一会儿在过去，一会儿在当下，一会儿在未来，我们可以在往复穿越中不断地丰富着人生。

现在许多人把传统文化称为"国学"，"国学"总有点国家之学的意思，而"国家"是机器，是政治，是代表某一阶级利益的学问，所以，还是叫传统文化吧，传统文化从纷杂历史中凝练、沉淀出的精华，一定超越国家概念，它如同冬日的暖阳，只为唤醒，只为照耀，只为燃烧……

学习传统文化，就是要学习直透事物本质的能力。

学习传统文化是为了最终达到浑厚、圆融的境界。

所以在我的会所里，在我的讲堂上，无论是谁讲，都要从经典入手，而且不能断章取义。这很难，但坚持下来，就是功德。

如何把一个民族的传统和精神传达出去，并服务于人类？如何把一个民族的记忆变成人类的记忆？依靠的恐怕不是几个人，或几代人，但每一个人都有责任，并为此而努力。哪怕只是生个孩子，并按照民族的理想去教育他，感化他，都是在这个传承的链条上努力着。

科技文明时代带给了我们空前的物质财富，但同时也建立了一种无限追求物质利益的世界观。而传统社会的人更关心的是追求美德和思想上的卓越。当物质文明出现危险的时候，传统文明就是对我们的救赎。

现代化并不等于西化，现代化不必在价值取向上以西方文化为归依，民族传统文化的精华才是最经得起时间考验的精神力量。

其实，文化没有低劣或高级之区分，关键看它服务于哪个阶级。未来世界对文化会趋于两种极端，要么是极度宽容，要么是极度杀伐异端。我们可能会自以为是地笑话所谓落后民族的落后文化，但那可能是我们无法理解他们对世界的那种敬畏和淳朴，而在他们眼里，我们的先进也许是动物般的残忍与无知……所以，我们能做的，除了尊重，还是要尊重。因为在天道法则下，没有所谓前后之分，有的只是世界文化的"缤纷"。

道场：心灵独语的地方，闲人勿进。

若众生人人精进，这世界便是天堂。

第二章

饮食·男女

生命是最神秘的事物，中焦运化能力堪比远古的炼金术，捡拾精粹和祛污除秽，非人之脑力所想当然，属不可思议一事。

饮食男女，人之所大欲存焉——饮食是延续个体生命，男女是延续种族生命。

饮食男女，显然饮食比男女重要：1.先要有吃有喝，饱暖才能思淫欲。2.人从生到死都有吃喝的问题，而男女是人生的阶段性问题。这个阶段可能很漫长，而且很折腾人，但并不是人生的全部。

吃喝也有境界：吃饱了、吃舒服了、吃美了。

男女之情也有境界：有情之情、无情之情、大爱无疆。

一

衣食住行

◇

衣，用来遮羞；食，用来果腹；住，用来避寒热和行隐秘之事；行，用来和外界关联。

人生四缘：饮食、衣服、卧具、医药。此"四缘"皆与肉身密不可分，饮食果腹，衣服蔽体，卧具养体，医药疗体。惜缘，就是感恩，一感恩，人就摆脱了动物的无助与飘零，而充满了心灵的慰藉。

现代人喜欢美食、美服、美庐、美车。这些，对某些人而言是品质，对某些人而言是虚荣，对求之不得的人而言是痛苦，对人生修为而言是障碍……美食易腐，美服易旧，当美庐陈旧灰蒙，美车没于荒草，我们也终将离去，无论品质、虚荣，还是痛苦、障碍，也将烟消云散，化如虚无……

| **优雅生活必备** | 玉、药、茶、香。玉，温润你的生活；药，拯救你的生活；茶，安抚你的生活；香，缥缈你的生活。怀着玉，烹着药，

洗着茶，熏着香……哪怕草庐、树下，哪怕衣、木履，也似仙人逍遥。

玉，君子之德，温润而持之；药，君子之刃，当用则用，不当用则匿之；茶，君子之味，可淡可浓，随心而品；香，君子之韵，可显可隐，风流自在。

| **文雅生活必备** | 纸、墨、笔、砚。宣纸，有着木纹的质感，等待着你心灵的铺展；墨，那种香从不袅娜，但可以掀动你心里浓浓的涟漪；笔，竹管如萧，狼毫如眉，一管在握，忧心如回；砚，有方有圆，有细腻、有粗犷，守着它，就像守着心湖，游曳方长。

| **自由生活必备** | 双腿、背包、拐杖、情侣。可以随时走掉，但背包里一定有书；永远相信自救，但不妨偶尔牵手。一颗孤独的心，一张莫测的脸，摒弃一切世俗，甘愿自我放逐。

| **世俗生活必备** | 柴、米、油、盐。柴，烧的哪是饭啊，烧的是对生活的渴望；米，吃的哪是粥啊，吃的是生命的资粮；油，润的哪是肠胃啊，润的是家人的脸庞；盐，salt 的哪是肾啊，salt 的是人的劲儿啊。守着这四样，就守着个家啊。有人会说，那酱醋茶呢？那是调味的，可有可无啊。

● 衣

为什么"衣"放在第一位？对社会人而言，衣服比食物重要。动物皆为食谋，而唯独"人"，不仅要为食谋，还要为衣裳谋。唯有《黄帝内经》称人为"倮虫"，把人归为"虫"类。俗界曰：人靠衣服马靠鞍，衣着光鲜，满足了人之为人的特有的虚荣。

衣服使人摆脱了自然人以食物为第一，以果腹为第一的需求，使人完成了从野蛮到文明的过渡。所以孙猴子从五指山下出来的第一件事，就是得一虎皮裙而成为"孙悟空"。所以孔子老先生宁可被称为"破落贵族"，哪怕在人可以撒欢的夜里，也要穿睡衣安眠。

喜欢"裸睡"的人，是否在体验母腹中胎儿般的安眠？是否在让皮肤呼吸着夜的沉静与甘甜？是否对世网的缠绕已经厌倦？但那些经历过地震的人，那些对世间缺乏安全感的人，真的不敢裸睡，哪怕是死，也要死得有人的尊严……

一般来讲，不太注重服装的人，要么内心有回归的欲望，要么对人的异化充满反抗。当我穿着 T 恤衫或叮叮当当的民族服装游走于西装革履中时，不过是在表明：我血脉里流淌着波希米亚般另类、野蛮的血；我，就是和你不一样！

年轻时，曾在冬天的早班公交车上看到窗外有一个丰腴的、裸体的女人在路边沉思地走着，人们都穿着棉袄，对她避之不及。她赤着脚、垂着头，一边走一边低语，犹如被天界谪遣到人间的神女，那一瞬间，眼泪模糊了我的双眼……

古代上衣为"衣"，下衣为"裳"。裳多半是指裙子。不要小瞧裤子的发明，穿裙子是不能骑马的，所以人只能坐或站在战车里，这样就总打不过北方匈奴。而裙子，又因为无法掩盖私处而决定了你的坐卧方式——女人如果抛弃了跪坐时的优雅而箕坐，就有被丈夫休掉的危险。

鲁迅说在中国搬个桌子也可能会流血的。春秋时的赵武灵王为了边境的安宁，义无反顾地选择了"胡服骑射"——穿上胡人的裤子，纵马飞驰。于是一种更自由、更舒适的生活开始了。

| **衣服** | 任何团队穿同样的衣服，都是为了保持统一的心境。比如和尚，比如道士，比如小学生穿制服，比如军人。

统一的服装，统一的心境、让人肃然起敬，也让人感到一种压力。一切，只是因为你在外面，你一下子就孤独了，偎依在墙边的你望着刺目的太阳，想，即便有了那服装，你的心境也会融入其中吗？

道士穿的衣服和和尚穿的衣服不一样。道士穿青色或黑色的衣服，而和尚都穿红黄的袈裟。红黄色象征南方，主散，因为和尚讲究布施。道士的青黑色主北方，主收敛，讲究炼精化气。换言之，如果你身体很虚的话，就不适宜穿艳丽的红黄色衣服；而个性太张扬的人，可以穿黑色的衣服收敛着些。

时尚的周期性源于人的生理需求。比如中医五行讲究五色，其中，肝（木）为青色，心（火）为红色，脾（土）为黄色，肺（金）为白色，肾（水）为黑色，依据人的视觉心理学，我们的眼睛看久了黄色就会喜欢蓝色或黑色，然后是红色、绿色……黄色、蓝色的反差效果源于"木克土"，黑色与红色的反差效果源于"水克火"，等等。

所以，所谓时尚，就是没时尚；就是时光之上的心理变化；就是五行的生生克克。

● 食

| **食** | 能给人肉体和精神都带来愉悦的东西。
| **色** | 能给人肉体和精神都带来愉悦的东西。

究竟是谁在吃，是你在吃，还是胃在吃？究竟是谁饿了，是你饿了，还是肠子饿了？都说"秀色可餐"，饱了的，是你的眼，还是你的心？色，舒服了你的眼；香，熨帖了你的鼻；味，咂巴了你的舌。最好的盛宴还要有柔柔的音乐，有可心的人儿坐在你对面，哪怕只是菜根，也有得道般的……香。

对食物有欲望的不仅来自胃或身体，精神的空虚和绝望，也会投射在食物上。比如，一般夜里睡眠不好，又有点孤独寂寞的人，早晨起来喜欢吃甜食，一方面抚慰犒劳下自己的脾胃，一方面满足一下对甜蜜感的需求。

人的满足感首先是肠胃的满足感，人精神的空虚感也会靠吃来得到满足。所以会吃、喜欢吃的胖人知道如何自娱自乐。胖人很少有思想家的精神极度紧张和体质柔弱之苦，也无实干家的好动与灵活，他安享智力与体力的惬意，乐呵呵地做着首领的事：提供赞助或指使思想家和实干家消耗精神和活力，并从他们的努力中获利。

吃喝也有境界：吃饱了；吃舒服了，吃美了。

| 食 |　　人喜欢吃——因为饿，因为馋，因为孤独，因为无聊，因为欢喜。

喜欢喝酒，且每喝必醉的人大多有点真性情和豪情。

抽烟只是抽烟吗？抽烟要的是那份闲在的悠然。

其实，独自吸烟、独自喝酒是一份难得的闲，是对外界的拒绝，是独享袅娜的时光。

扁鹊说："安身之本必资于食，救疾之速必凭于药。"食色性也。人的一生，要"饮之食之，教之诲之"——吃饱了喝足了，再受点教育，做个堂堂正正的人，就可以了。大事业？呵呵，做个堂堂正正的人也是大事业啊，至少可以家族兴旺。

食物是我们每天必需的，所以食物就是百姓的天。

食物变成"精"是个缓慢的过程，制作、火候、熏蒸、咀嚼、运化、沤、蒸腾、氤氲……犹如炼金术，其间充满了劳作、折磨、等待和变化。从"人"变"人精"亦如是。

| **细嚼慢咽** | 食物进入口中，舌头、肠胃会因为供养而兴奋和感动，唾液慢慢地升上来，与它们相融，牙齿不甘寂寞地参与进来，搅拌，吞咽，祛除毒素，增加吸收，抗衰老。如果吃得太急，就损脾胃。

没有大多数人的平庸，就没有生活。食物的气性就是平庸，所以才能天天吃。不平庸的、浓的、烈的都是"药"，只能偶尔为之，只能有病时吃，甚至一不小心还会吃死人。

| **禅意** | 磨砖不能成镜，坐禅不能成佛，那么"云在青山水在瓶"，顺其自然，饥来吃饭，困来即眠。

现在的人，吃什么，不吃什么；该怎么吃，不该怎么吃……似乎都成了困境。本来最自然不过的事情，现在成了一件最复杂的事情。谷物不再是四季的风景，人也不再是收获过后畅饮琼浆的欢乐的人，我们最基本的诉求已经被蒙上阴影，被污染的食物正渐渐侵蚀我们的生活，使我们的气、我们的血、我们的精渐渐地走向污浊……如果有一天，我们没有了食物，或我们的食物变成了伤害我们的敌人，我们人类，将何去何从？

如果没有日照，没有风雨，没有暗夜的秘密成长，没有了谷物之精粹、之甘甜、之清香，我们人类，又将何去何从？

但愿没有那一天，但愿我只是杞人忧天，但愿我们的生活每一天都有三次圆桌前的家庭圆满，但愿我们饭碗里的食物都饱满而香甜，但愿……但愿……

1. 吟茶

在中国，茶是生活食饮的一部分，是中国人最脱俗最贴心的礼物，它不是功利的代表，而是生活的分享……

茶，原本是"荼"吧，一种浓浓的苦，其性沉降，会把飘上来的心火沉底，会把你滞在一种前所未有的空旷里，恍恍惚惚地……沉思。

| 苦 | 其气沉降、绵长、浓郁、滞涩。挥之不去，并销蚀你的热情，因无法摆脱而痛苦。还有人正是因为苦涩的强烈，而沉醉其中。茶之苦，让人沉醉；咖啡之苦，让我沉睡。

| 甘 | 与甜不同，它是淡淡的对甜蜜的回味，没有甜的腻歪劲儿，而保持着高雅的疏离。

没有人愿意把苦味留在味蕾上，而又都情愿把甘味咂摸。茶，可以给人一种颠倒的回味，恰似中庸地补益，从不极端。

茶，就这么又苦又甘地，既强烈又疏离地，表达着我或我们的生活。

一个美丽的妇人说她就是个药丸子，外表光鲜，内心苦死了。她的美，她的命，就像茶，苦苦地，等着命运的回甘。

据说神农曾尝百草，曾中百毒，其实，百草的毒也属于自保，它们的美艳是致命的，它们内里的毒也是致命的，犹如最美的妇人，用自性的毒来对抗外界更大的荼毒和摧残……但最后是茶救了他。茶，察也。

可以洞察百药，并消解它们，把它们从天国之甜美带到人间，教会了它们屈服；把它们从地狱之苦带到人间，教会了它们和解的艺术……所以，现在人在吃药后也不敢马上喝茶，怕解了药性，怕一下子破坏了它们不知是天国还是地狱的偏颇，带不来肉身翻天覆地后……新的平衡。

我对那些美丽的女人说：来喝茶吧，你内在的一切不平衡，会在茶水的清亮中得到救赎。

如果一种纤弱的植物，可以安抚或激动灵魂，这是多么值得庆贺的事情。

于是经常和三五好友聚在一个梯田式歙砚茶海边，慢慢喝茶，看香片在沸水中翻滚、竖起、漂浮，然后再慢慢地沉降，看那一汪汪的绿或赭红在阳光下闪烁，渐渐地，喝透了，微醺了，五脏六腑之神明都被这小小的灵物蛰伏了，安抚了，用它又苦又甘的狡黠……

现在玩"禅机"的人多了。有人说：喝茶就是修道。这又是何苦？其实，喝茶就是喝茶。心一旁骛，就连喝茶的趣味都没了。

2. 斗酒

酒，原本是残羹剩炙发酵而成，可能最初是被饥不择食的人偶然吞食，而发生了快乐的晕倒，并在眩晕之中产生幻觉而以为天神……无论如何，人类持久的琼浆就此诞生，唯有此物，是天人之共享！

| **酒** |　　微醺而通神。《礼记·射义》云："酒者，所以养志也，所以养病也。"《汉书·食货志》云："酒，百药之长，嘉会之好。"《说文解字》释"医"字云："医之性然，得酒而使。"

酒——痛苦者得之，可以浇愁；欢乐者得之，可以助兴；孤独者得之，可以微醺；病痛者得之，可以通经；诗者得之，可以宣志；无赖得

之，可以癫狂；孤男寡女得之，可以乱性。微我无酒，以敖以游！

看看考古发掘中出现了多少酒器，圆的、方的、高脚的、陶的、青铜的、瓷器的……人们就该知道人类的生前死后是多么热爱这个东西！

所谓年轻，就是没有钱，没有荣耀，没有年轮，居无定所……可因为有隐秘的爱情，有孤傲的孤独，有树一样瘦削的肉体……一切，就那么与众不同，连痛苦，连混乱，都那么超俗！与龌龊而物欲的中年完全不同。

说龌龊，是因为在桎梏中越来越懦弱，越来越奴性，那种不洁净感，全无"酒神"似的通透与超脱。说物欲，是指全是一己之私虑、之谋划、之算计，也无"酒神"之混沌与大气。人生，有时还需要些酒后的那种勇敢与任性、豪爽与率真，能灵动着、诗性着，总比死气沉沉的好。

每每想到孔老夫子曰："唯酒无量，不及乱"，每每想到他老人家"子在川上曰：逝者如斯夫"，便莞然而笑，那一定是微醺后的诗意吧，浴乎沂，风乎舞雩，能率性地活，能感慨地活，能觉性地活，多么幸福，多么难得。

● 住

| 住 | 最初只是为了遮风避雨，只是为了男欢女爱，后来有了娃，有了牲畜，有了家用，于是就成了"家"。再后来，死后也要有个住处，便有了陵墓，陵墓不能放在河床上，那样先人就会被泛滥的洪水冲走，便没了凭吊先人的地方，于是便有了"风水"，先人住好了，后来的

人，心就踏实啦。

住，一定先是"心"有了歇息的意思，身体才会去寻个住处。古代的"次"字有驻扎的意思，是说如果打算在一个地方住三天以上，人才会扎帐篷。如若不想久住，一定是"心"在飘荡。

我们如何才能安宁？首先要有"家"，"安"字是房子里坐着你心爱的女人，"宁（宁）"字告诉你，要带着"心"回家，那家里还要有器皿，也就是盛米面的家伙什儿，家有粮，心不慌。还要有个可爱的小壮丁……当一家人如此这般地和那些盆啊碗啊欢聚的时候，就是幸福安宁。平庸吗？那是一定的，但我喜欢。

幸福，就是甘于平庸的感受。甘于，就是在平庸中也能哑巴出甜蜜和幸福来。能随时随地享受"当下"的人，就幸福。

每每回到家中，看到先生在沙发上躺着，儿子蜷在他的脚下看书，看累了就趴在他爸的肚子上歇会儿，父子俩还不时地打闹一下；而老母亲则在阳台上慢慢地踩着鹅卵石锻炼身体……这时我的心最安宁了，大家都在，都高高兴兴的，就是幸福。

凡浓烈的，都可能要命；凡平淡的，都养生。但有时你会厌倦，会有一种无力感，因为没有"盐"来激发你的肾，这时怎么办呢？看一本好书，寻求自我平复；或直接把你的感受说出来，家人如果在意你，他们会制造一些小奇迹来鼓荡你的。千万别私奔，那样会一团糟。

古人为了找到一个好地方安居乐业，一定要先找到河流，找到水，那地方还要藏风纳气。然后，就可以在那里生儿育女。首先，阳光要好，所以最初的房子都朝向西南方，太阳暖暖地照着，热和冷的交流形成了风，形成了雨，麦子就在黑夜里噼啪抽穗，孩子就一炕炕地生着，没有灯又有何妨，有天上的银河，流转、倒挂……再往后，人们发现还是朝东南方更好，那边的风更柔和，而西北部的山脊可以为一个家族挡住冬日的寒风。一定要有清泉在房边流过，眺望远方，还要有笔架一样的山，让孩子们在大地上写字、作画……

看看后天八卦图吧，西北为乾，为高大的父亲，自强不息；东北为艮，为山，为少男，郁郁葱葱；东南为巽，为风，为长女，飒爽英姿；西南为坤，为广袤的土地，为母亲，厚德载物；东边为震，为雷，为长男，电闪雷鸣；西边为兑，为泽，为少女，蒹葭苍苍；北边为坎，为水，为中男，蕴含真阳；南边为离，为火，为中女，真阴绚烂……

天地之间，就是一个家；宇宙往来，无非你我他。我们的身份可能这一世为父母，下一世为子女，轮轮转转，又有何妨？我是你，你是我，他是你，我又是他……如此了悟，人生又何苦？爱恨情仇？更无须寻寻觅觅，瞻前顾后。

● 行

| 行 | "行"字本身就是十字街头，人踟蹰着，徘徊着，不知向北还是向东。其实，我们走与不走，我们行与不行，真的有很大的区别吗？走出家门，看到众生，又何尝不是看到自我？无非就是东西南北，我们站在宇宙之中，在行走的旋涡中，哪哪都是命运的风……

人人都是行者，匆匆；人人都是过客，辗转；人人都有一段愁苦，人人都有阵阵欢喜，真正走过的，都只是自己从生到死的这段路程。欢喜也罢，愁苦也罢，爱也罢，恨也罢，风风雨雨，阴阴晴晴，天若有情

天亦老，人间正道是沧桑。

行在人流中，看的是人；行在海边，看的是海；行在山顶，看的是山……你行走的地方决定了你的眼界，也决定了你的胸怀。

原来人行走用脚，后来人发明了车，再后来发明了飞机……总之，人是越走越远了，10个小时就从北京到了洛杉矶，婆婆说："人，就是神啊……"人，是越走越快了，走那么远，那么快，又是为什么呢？！我们的灵魂又该如何跟上趟儿呢？

慢一些吧，停下来，好让灵魂跟上来。

为什么很多人回到家就睡得安稳了呢？因为，家是你的魂魄熟悉的地方，一回到家，那些魂魄就噼里啪啦地又回归了本位，又附了体。所以，大养生，也包含"回家"。如若有病，也是在家养得快，在医院，白晃晃的地方，还那么多仪器，那么多病痛的喊叫，那么多生与死的进进出出……咋养？

看得多了，"五色令人目盲"；吃得多了，"五味令人口爽"；玩得多了，"驰骋田猎令人心发狂"。老子就是老子，活得明白。可他老人家最后也西行了，但此行意义重大，在楼观台留了5000言，让人一读就读了2000多年。

| 坐·骑 | "坐"，是二人土上坐。二人坐在田埂荒野上，大情怀可以淹没大孤独。可现在人往往一个人在家里"宅"着，由孤独而抑郁。"骑"，人在马上颠簸。颠着颠着就心随境转，就熬出"绝句"或"诗"了。

现在人呢，要么一个人枯坐，要么就狂飙。飙车为啥出不了诗人呢？因为太"快"了，无境入眼，心无旁骛。

这一静一动之间，一悲一喜之间，一闷一狂之间，尽显社会之躁静与人心境之混乱。

| **坐骑** |　　坐骑是人臀部的放大，是人对这个世间掌控能力的驾驭与放大——奔驰、宝马是高调的沉稳，是身份，是能力；奥迪、大切是低调的尊严；捷豹是品质；保时捷是炫耀……总之，"坐骑"是臀部的放大，是地盘的放大，也是自由的放大。

古人也强调坐骑：老子骑青牛，牛隐忍而坚定，适宜修行；张果老骑驴，驴倔强顽强，且内收，有此特性可以炼丹。

● 玩·乐

| **玩·乐** |　　玩，弄也，两手把玩美玉之意。樂，原本也是玩丝竹乐器。所以，什么叫文明古国？瞧瞧老祖宗玩的东西就知道了，从美玉悟人品，从丝竹悟和谐。而什么叫"堕落"，什么叫"不肖子孙"，也就明白了。玩的东西不一样，可能最后决定的是生活品质。

学习了《黄帝内经》，就知道当个养生家、当个诗人、当个快乐的人，远比当个医生要好得多、幸福得多。因为你看的是宇宙，是气息流转，而不是一个个行尸走肉；你看的是气血、是山河，而不是鬼鬼祟祟的细菌和病毒；你拥有的，是一个浩瀚的整体，而不是支离破碎、血肉模糊的垃圾；你安享春夏秋冬之流转，而不是去做那只翻云覆雨、颠乾倒坤的手；跟随你的，是一大群想过更美好生活的娴静的人，而不是一个个愁眉苦脸、垂头丧气的被生活压垮的病人……

养生家，就是整天琢磨吃喝玩乐、没事谈天说地的"闲人"一个。闲，就是人一会儿在院子栅栏里喝喝茶，一会儿到东篱外采采菊、踏踏青，中午在栅栏的阴影里小个憩。没有"闲"，就没有生活，就没有艺术。生活，就是随性自然，该吃吃、该喝喝，吃完饭，洗洗钵，有就有，不强求。再说了，这世上，有什么是强求得来的？

| 忙 | 是心亡。"亡"，乃迷失、走失，所以"忙"是"失心症"。忙，就是没了心，没了感知，就是浑浑噩噩"熬日子"，而不是"有滋有味"地生活。

| 忘 | 一句话，发出来的都是情，所以都是"忄"，比如"悦、愉、快"；凡从"心"部的，都想得深，都是沉底的。所以忙是在外的迷失，忘是内在的迷失。"忘"比"忙"狠啊，深沉啊。

"忙"是心的妄动；"忘"是心的不动。

| 悟 | 觉也。五，是阴阳交错拧巴。人，就得先拧巴颠倒，胡说八道，突然有那么一天，心就跳出来了，自性就跳出来了，人生所有的纠缠拧巴都烟消云散了，如同大梦醒来的人，觉出原先的昏蒙愚钝了。

玩，对小孩子来说，是心无旁骛；对大人而言，是情趣。人无情趣，则老而无趣，多病。

有些人喜欢看悲剧，是因为看到有人比自己还苦、还惨时，会吁口气，并心存慰藉。

有些人喜欢看喜剧，是因为看到别人的荒诞和滑稽时，觉得自己还算正常，有点轻佻的优越感。

攀比，是世间人的一个常态，也是人生活的一个误区，它会使我们陷入无明的痛苦和烦恼，会因此而得病。但也有人从中了悟生活。

所以，玩没玩够，玩没玩好，玩没玩到一定境界，还真是个问题。

能在玩的兴头上说走就走的人，是个爷；玩着玩着就沉了底儿的人，是败家子，是衰爷。

喜欢关汉卿，因为他是玩得痛快、玩得不内疚的人。

关汉卿说：我是个蒸不烂、煮不熟、捶不扁、炒不爆、响当当的一粒铜豌豆。我玩的是梁园月，饮的是东京酒，赏的是洛阳花，攀的是章台柳。我也会围棋、会蹴鞠、会插科、会歌舞、会吟诗、会博戏。你便是歪了我嘴、瘸了我腿、折了我手，天赐与我这几般儿歹症候，尚兀自不肯休！

知道京城的人为什么爱听相声吗？因为京城是衙门口，当官的人多，白天特压抑，皮毛都憋住了，晚上听相声就如同被挠了痒痒，从外到里地那叫一个舒坦；听人家自嘲，听人家骂街，听人家讲黄段子，听人家捧哏，把自己不敢说的说了，自己不敢骂的骂了，不仅皮毛痛快了，心也敞亮了，爽！

天津人为什么也爱听相声？那儿离京城近啊，"伴君如伴虎"，人更恐惧惶惑。同时，天津又靠渤海湾，湾里的人有点天生天养，舒服滋润，所以天津人又有着与生俱来的疏阔和机智灵活，他谐趣多多，本来一句短短的话，他后面括弧里的解释就丰富多彩了，拐着弯儿地逗你笑。

知道东北为什么喜欢二人转吗？东北冷啊，经脉容易闭塞瘀阻；火炕一烧，又容易头脑发热胡思乱想。能唱着、跳着、当着众人的面，不用害着就调了情，还亮了嗓子，通了经脉，值！

南方为什么喜欢喝茶、摆龙门阵呢？因为天热耗散体液，喝茶补液；摆龙门阵，最开始应该是人聚在阴凉处闲扯吧？温暖的地方，人老得劳作，那么辛苦还花钱听别人扯，犯不着！

西北地大人稀，太辽阔啦，太悲壮啦，秦腔不吼都不行。

当超越个体去看这个问题的时候，我们甚至可以说音声是地方的心灵，如果川剧不叫、秦腔不吼、越剧不柔，就没了性格，就没了民俗性。

总有人问：什么最治病啊？我告诉你，这些看似闲扯的东西最治病。没有这份闲，没有这份无所用心，总绷着、总端着、总暗自焦虑着，一定得病。人生，若分分秒秒都要有意义，就没意义了。

能让人一夜夜不睡，彻夜玩的坏东西，只有赌博。人的神经不过在贪欲的炼狱中挣扎和煎熬。

能让人一夜夜不睡，彻夜玩味的好东西，只有读书。这场精神的狂欢可以光明通透你的肉体。

人生不过百年，生命难免"过用"，死于贪欲的煎熬、死于精神的狂欢，都是死，但，一个轻于鸿毛，一个重于泰山。

所以，和喜欢的人在一起，做喜欢的事，就是养生。把旺盛的精力和时间花在美好的事情上，就是养生。

● 风·俗

集体的玩乐就是风俗。风俗的背后，暗含着集体无意识的恐惧和狂欢。先是恐惧，然后是敬畏，最后是狂欢。

风俗的可爱在于它是一个民族表达敬畏的行为艺术，在一个特定的日子，举行一场特定的仪式，秘密地和自然达成妥协。

| **风俗** | 指民俗像风一样不经意地吹着，所经之处，百草皆伏

倒飘摇，这，就是"风化"，大家乐得约定成俗，成为一种共同的行为艺术，最后连起始的原因都不再追究了。因为不过是场游戏，所以，那些对集体抗拒的人、那些不入流者，也会被天真的快乐熏染，而加入其中。

| 节 | 是竹节，是气机连通或转弯纠结之处，所以，"过节"是提醒百姓在那些日子口要多加小心，因为是天地气机转换的时候，不可大意，最好全家聚在一起——第一，能量能有所聚集；第二，看到家里人都在，心里踏实。大家一起吃吃喝喝睡睡，平平安安度过才好。

传统的节日是文化，既然是文化，就离不开"阴阳"。比如，属阳的日子如"三月三""五月端午""七七乞巧""九九重阳"……为什么节日多在阳数里呢？因为"阳"为动，动易为灾。所以无论三月三，还是九月九，都有出行辟邪之意，一个避春邪，一个避秋邪。

正月初一是集体的送旧迎新；三月三是青年放肆的狂欢；五月五是壮年威武的争流；七月七是中年徒劳的悲伤；九月九是老年清朗的祈寿……无论河边还是山上，无论人间还是银河，人生不过爱恨情仇，岁月不过春夏秋冬。

| 春节 | 农业文明的重要节日。守岁——跨年关，去旧迎新。烟火、灯笼——驱邪，鬼喜黑怕明。鞭炮——驱鬼。

三月三为少阳，上半年也为阳，此时阳气盛而阴气弱，阴阳不调，则易为灾，所以"三月三"时，青年男女要在水边嬉戏玩乐，借水之阴而养阳。"九月九"为至阳，但已在下半年，阴气盛而阳气弱，所以"九月九"要登高以采阳。

| 三月三 | 《周礼·地官》中记载："以仲春之月，令合男女，于是时也，奔者不禁。若无故而不用令者，罚之。"此"法定私奔日"意在通过阴阳的和合而产生新的、更有价值的生命。

　　清明节若恰逢阴历三月三，是周礼里面的"法定私奔日"，大家可以好好踏青、唱歌，一个是对先者浓浓的情，一个是对生者淡淡的意。长逝者未远离，新交者还陌生……何去何从，苦煞人生，乐煞人生。

　　现在人人热衷西方的情人节，可能是西人食肉多发春早。其实中国古代情人节是阴历三月三，《周礼》定其为"法定私奔日"，不奔都不行。那一天，姑娘小伙在河边调情唱歌，唱出感觉了，晚间就在田间地头忙活，以后有感觉了就继续处，没感觉了就谁也不认识谁了，谁也别有什么负担。

　　既然是国家法定私奔日，就不单纯是情的问题，主要还是要借男女之情做一个阴阳和合的局，让土地也能悸动生发，能旺盛地生长粮食。现在的人只是拿着玫瑰花和巧克力忙活，一、对大地没影响；二、也无从解脱内心的匮乏，反而容易更焦虑；三、人的性能力下降，土地的生发力也变弱了，还得靠化肥。

　　三月三日气象新，长安水边多丽人。

　　有网友问：意外怀孕了怎么办？

　　曲答曰：意外怀孕后就由女人来为孩子指认个父亲，由部落头人发婚。男人不愿意的话，就赔这女子四亩地一头牛，女人用这些养没爹的娃。呵呵。一般强壮漂亮的男人被指认的次数多，所以上古时这样的美男子最穷，因为都赔光啦，只好带着条狗四处游荡……

　　又有人问：这是真话，还是笑话啊？

　　曲答曰：是部落头人的后裔讲给我的，可以当笑话听。一个多么可爱的笑话啊。那是母系时代。

　　远古有真性情，那时，本能、生育、快乐地活着，是第一位的。现在的人，环境是做作的，本能深潜或被遗忘，想快乐地活着实属不易。

现代的节日无"阴阳"的内涵，只是一些特殊事件的纪念而已。比如五四青年节、教师节、国庆节等，还有的就是把西方的节日也拿来消遣，比如圣诞节、父亲节、母亲节、感恩节等。古代的节日强调人与自然的敬畏与亲密，现代的节日强调人与人的关系。

| **五月端午** | 　　阴历五月初五，端午节。纪念屈原的日子。

"宁赴湘流……安能以皓皓之白，而蒙世俗之尘埃乎？"屈原，一个和流放、清高、洁癖、自恋、芳草美人、端午等相关联的名字，他结束了《诗经》式的集体欢歌，而开辟了个体精神之痛苦求索。"被薜荔兮带女萝"，犹如幽篁深处的一缕残香……在他男性的躯壳下，是一个唯美到必须投水才能证明自己清白的女子的精魂。

一般，投水自决是比较女性化的方式。但在中国，刚烈的杜十娘把"百宝箱"扔水里了，多情的林黛玉把花儿扔水里了，把自己扔水里的却是几个名字响当当的男子——屈原、王国维、老舍……河流就这样带走了他们，也带走了他们共同的悲愤、绝望与旷世之才华。是脆弱，还是勇敢？生生死死，原本在一念之间，走得干净也是福报吧。

夏至和冬至是一年当中最重要的两个节气。冬至"一阳生"，初生之阳不可戕害；夏至"一阴生"，此时阴生阳退，万物由此进入快速生长期，夏至之前多开花，夏至之后多结果。作为人，夏至之前阳气浮越在体表，贪凉定会寒伤脾胃，令人吐泻。从夏至日起，阳气慢慢收敛，宜以清淡为主。

民谚曰："嬉，要嬉夏至日；困，要困冬至夜。"就是说夏至日要在阳气开始收敛时有点小疯狂，多欢闹嬉戏，犹如抓住青春的尾巴，而"过了夏至节，夫妻各自歇"，冬至日要好好睡觉，让新生的那点阳气慢慢壮大。

民俗"冬至饺子夏至面",麦子气性湿热、甘甜,可以大补心气。所以夏天以面食为补。此时人体外热内寒,故不可吃冰。《素问·藏气法时论》曰:心主夏,"心苦缓,急食酸以收之","心欲耎,急食咸以耎之,用咸补之,甘泻之"。就是说这时的饮食养生在于微酸、微咸、微甘,酸主收心火,咸可以补虚劳,甘可以濡润脏腑。

传统医学有"冬至养生,夏至治病"之说。

| **七夕** | 中国的情人节,牛郎织女相会夜。原本以为那只是一个伤感的故事,学医后才知道,这故事不过是肉身的伤感——牛郎喻人体督脉,强劲有力,织女喻任脉,绵柔细腻,一年一度相会鹊桥(舌根),其日多雨,乃甘露也,非牛郎织女相会之眼泪。

所谓金风玉露一相逢,就是任督交会,就是阴阳和合,就是牛郎织女相见。任脉、督脉一相会,生命就为之绽放。故事里的牛郎还拎着两个小孩,那两个小孩又是什么啊?一阴一阳啊,姹女、婴儿啊。就这么一个故事,千百年来都当爱情故事讲了,只有学习了《黄帝内经》,才明白了这故事的真谛,可见学习《黄帝内经》,可以开大窍啊。

| **九九重阳** | "九"为至阳之数,在《易经》里,九五就是至尊了,九九则要由阳转阴了。人们由此而沉思生命的轮转,所以登高原本是为了升天和求仙,求仙不得,转为祈寿。

此日,登高——祈寿;佩茱萸——辟邪;饮菊花酒——养生。

风俗只是行为艺术,不必上升到某个高度。有人说:仁者寿,寿岂是外"祈"的?还说"恬淡虚无,邪不可干"等,其实老百姓朴实,不懂你那些,只求心里踏实。再说了,仁,当今社会几人能"仁"?几人真能"恬淡虚无"?!

二

男男女女

◇

男人都希望找一个不太俗的女人，但要这女人有耐心跟他过特俗的生活。女人也希望找个不俗的男人，但要这男人陪她过特俗的日子。俗是庸常，不俗是无常；无常总想绝尘而去，庸常总要 hold 和固守，所以，生活就是二者的纠缠和较量。

男人女人，一个属阳，一个属阴；孤阳不生，孤阴不长，二者不是一回事，可谁还离不开谁。所以，折腾，使劲儿地折腾吧。

| 对话 |

假如允许你选择，下辈子你要做什么？

一只鹰。

要还是做人呢，你愿意成为男人还是女人？

……女人。

● 男女差异

| **男人** |　　在古老的观念里，"他"属于阳，他就该奋发向上，不能哭、不能宣泄脆弱和悲伤。他必须坚定地和现实对抗，或妥协。"男儿当门户，坠地自生神，雄心志四海，万里望风尘。"（傅云）

| **女人** |　　在古老的观念里，"她"属于阴，属于凝重、湿润、向下的那部分，属于水，属于丰产的大地。她的多情的卵巢、子宫、生殖器……是她肉体的特质和局限，是她无法对抗的一部分。她分泌泪水、黏液、经血，她的情绪、气血、生育本能和乳房，都受地心引力和大海潮汐的影响，她有时真的无法控制自己，她所受的教育会由于她本性的爆发而显得毫无意义。

如果说黑人曾因肤色而遭歧视，犹太人曾因血统而遭歧视，那么，女人，是因为性别而遭受歧视的。蒙田说："谴责一个性别比谴责别的容易。"

中国古人以"子"为美称，有活跃、生发之意，故称"男子""女子"。后来人性泛泛，故称"男人""女人"。现今又有新称，号"男银""男淫"，如此鄙陋、物欲，实不利于男子未来之发展和社会之阳刚。名不正言不顺，对人的称呼还是依古法好，培养正性正气。

男人为阳，阳的德行就是自强不息，就是终日运化忙碌。

女人为阴，阴的德行就是厚德载物，就是温顺受纳坚忍。

| **男** |　　从田从力，就是耕耘。其乐观、其豁达、其孔武、其对土地的热爱，现今已悄然不见。

| **女** |　　很美的一幅女性敛衽坐像。其柔美、其温顺、其沉思、其富足，现今已荡然无存。

男子说事，事情要看得长远；女子重情，感情一般只顾眼前。

男子喜给予，爱搂、爱抱；女子喜受纳，渴望被搂、被抱。

男子无肝经之输泄，力量大且性情粗暴。

女人有每个月的月经排泄，肝气顺畅故女性性情柔顺。

男子之精小而充满活力，女子之卵大而安静专贞。

男人想要"很多"的女人来满足他"一个"欲求；而女人只想要"一个"男人满足她"很多"的欲求——这，不过生命属性而已。

男人，花心是本性，不花心是德性。

那女人呢？答曰：女人，不花是本性，花心是德性。女人爱心广大，可惠及众生。

所谓女人的心灵，总有着把生米做成熟饭的耐心，如同怀孕，她有足够的涵养和勇气，然后在撕裂中完成自己的成长。

男人，则急于把种子抛撒，他的温暖与疼痛很容易被一种深深的失落淹没。

男人、女人的不同究竟源于什么呢？是源于激素水平——雄性激素、雌性激素在我们身体里分配的不同，还是源于身体结构——男人的生殖系统都大言不惭地长在体外，女性的则都含蓄地长在体内？还是源于教育——当大人给女孩买芭比娃娃、给男孩买冲锋枪和汽车模型的时候，就已经开始熏染他们的心灵……

人，通常喜欢自己能掌控的东西，比如男人爱车，女人爱玩偶，男女通吃的是宠物。"欲而不得"，人则有大恐慌和大寂寞。当肉体和精神都得到满足时，人就心平气和，并懒惰；如得不到满足，人就有怨气、杀气和战争。

一般说来，元气不足者，多怨；虚火旺者，杀气重。

　　莎士比亚要是贫穷了，可以用流浪来丰富写作；但莎士比亚的妹妹要写作的话，一定要有个能看得见风景的房间。这，就是男人和女人的区别。

　　我也要……一个能看得见风景的房间。不为写作，只为眼的愉悦、心的圆满。

　　我不喜欢车，也拒绝开车。我不愿用"逃跑的自由"来换取我"拒绝的自由"。

　　要有一个孙悟空的金箍棒就好了，画个圈，就把妖怪隔绝在外了……

　　越单纯的男人，对女人的要求越高。他的要求近乎洁癖。

　　越复杂的男人就越需要复杂多样的女人来丰富自己感性的多样性。

　　单纯的男人还有一个问题，就是他们比较恋母。

　　女人再单纯，身上也有母性，这，就是让男人着迷的地方。

　　脆弱的老男人要红颜知己，多情的老女人要……完美和脆弱、纯净的性。

　　有时候，错过比遇见好。遇上，万一失望呢？错过，却可以期待下一次的美好……这样的人，浪漫，深刻，对世界的本质战战兢兢，却又了如指掌。

　　爱情之美，在真与纯。

　　婚姻之美，在亲与恩。

1. 男人，正在放弃他们最古老的使命

男人：太成熟而似虚伪；太懒散而似大爷；太随意而似花心；太窝囊而似废物；太……总之，他们总差那么一点点。就是这一点点，让女人恨，让女人疼。

过去，男人需要不同的女性：需要情人是为了肉体的快感；需要小妾是要日常起居的照料；需要妻子是要生育合法的孩子，并要这个女人忠实地维护家庭。所以男子尤其在意妻子之贞洁，以保证其血统的纯正。

过去的人被荷尔蒙折磨，现代的人被DNA折磨。谁说科技带给我们的通通是好东西？

而且，男人比女人怕孤独。女人可以自己照料自己，所以未来的寡妇们乐得自由自在，决不再嫁；而男人丧偶后却内心凄凉，起居全无章法，急于觅偶再婚。

| **现代食草男** | 我一位学生毕业后到中学同学家求婚，那女孩的母亲哀痛地说：我们不能把女儿嫁给你。你瞧你，不抽烟、不喝酒，怎么在社会上混！而且，还吃素念佛、还学中医、还弹古琴、还写毛笔字……女儿不抓狂的话，我会抓狂。（她不知道，20年后这样的男子有多么好，呵呵。）

男人，正在放弃他们最古老的使命。他们是身体不行了，还是精神已经厌倦？当男人不再是战士，不再是耕田者，不再是上山出海的捕猎者，不再是女人的征服者……这世界，会怎样，会是一个精神的殿堂吗？

男人们统治这个世界已经至少3000年了，他们的成功，或他们带给这世界的伤痛，确实令人沉思。那么多的觉悟者，那么多的君王，那

么多的战争与杀戮，那么多的牺牲，那么多的和平年代，那么多的创造与发明……丰富了这个世界，让人眼花缭乱。但作为女性，我还是在合上由男人书写的历史书时，去遐想，如果由女人来引导和书写这个世界，世界会是什么样子？……

他们真是辛苦的一群，一旦踏上征程，就永无停歇。他们必须拼命向前，去征服那神秘的古堡，以留下自己的血脉……但成功的，永远只是少数，大多数人都死于征程，甚至，连悲悯自己的机会都没有，连回忆的机会都没有，他们总是直通通地倒在自己的血泊里，让他们的母亲、姐妹、女儿、情人……无穷无尽地悲悯和伤痛。

怎能不把他们当作"神"？！他们轰隆隆闪电般的生命，为我们划开了天际的幕布，并向我们呈现了……繁星。

2. 女人，搅浑的不仅是天空

女人：会撒娇的都是尤物。

闹来闹去不招人烦的是宠物。

闹来闹去招你烦、快逼死你的，是来度你的菩萨。

女人通情达理最可贵，太通情达理了也可怕。

女人不可理喻最可怕。

女人智慧而感性就可爱，因可爱而美丽。

| **女** | 妇人也。嫁人者为妇人，妇者，服侍人者。从女持帚。女子，是少女之美称。古代有女道、妇道。

"女道"指女子纯贞之道，会女红、贞洁，所以灵巧、快乐。

"妇道"则是为妇之道，上孝公婆、中敬夫婿、下抚孩子，还得每日洒扫，整洁家庭。所以是苦中求乐、忍中求安。女道乐，妇道苦。

西方的巫女也骑着扫把满天飞，而曼妙之女子则拥有最纯洁的翅膀。

所有的扫帚都不过是搅起灰尘的东西，那些被搅动的，最终还要落于别处。所以，妇道的根蒂是徒劳，除了徒劳，还是徒劳……而少女们，沉溺于想象，她们纯净的双眼，对那灰尘视而不见。

无论丹凤眼，还是前凸后凹，都指向一个象征——水，而且是一条流不尽的忧愁的河。

古代女人需要不同的男人：白天在财主家，吃他的饭，穿绫罗绸缎；晚上和秀才睡觉，听他说温柔的话，生俊秀的娃。

近现代有四个女人的爱情故事值得关注：中国的张爱玲、孟小冬，西方的杜拉斯和波伏娃。张爱玲苦恋胡兰成；孟小冬先爱梅兰芳，后嫁杜月笙；杜拉斯一生情人无数；波伏娃与萨特惊世骇俗。她们是如何惊涛骇浪，如何缠绵悱恻，如何风流冷漠……

嫁秀才还是嫁土匪？对女人，是困境，也是才情。孟小冬先爱梅兰芳，后嫁杜月笙，便是实例。所以说，他们是红尘滚滚中真男子、真女人、真传奇。

女子，一分胆，一分福。

从荷尔蒙上说，爱情和母爱的激素是一种。知道了这一点，男人恐怕就不能笑话女人了。

但还是有些不同，丈夫与你的肉体毫无关联，但拼命地在你肉身上探索；孩子是你肉身的一部分，却在你的身体里疯狂地掠夺。你飞升的灵魂始终在说：他们，是他们。但你肉身的灵魂却张开羽翼，把他们裹挟其中……

搅浑的不仅是天空。

在你身体的内部，有个拳头大小的地方，蒙蔽了你的一生。

你不该因此而大笑吗？笑着笑着，你的眼泪就出来了。

女人，永远值得阅读。

● 彼此不懂

到底是女人更了解女人，还是男人更了解女人？

到底是男人更了解男人，还是女人更了解男人？

懂女人的男人叫曹雪芹，懂男人的女人叫张爱玲。男女通吃的叫……

男人女人都有自己的软肋和脆弱，太懂了也不好，谁都怕被长时间地凝视。再爱，也不能没了自我，也不能没了自由。

男女之间，暧昧最好，真懂了，就不纠缠了。世间"无常"是真，"有常"为假。所谓"爱你一万年"只是表达此时此刻情感的强烈，永远，到底有多远？

人类对自己的了解，永远有"灯下黑"。

男女之间再懂也没有用，一动情，就全乱了。这时间男人和女人的对话，就有点像西医和中医的对话，都是自说自话，都试图说服对方，但最终都不了了之，谁也没明白谁；如果认真了、较劲了，就更麻烦，不是男人动了粗、动了刀，就是女人跳了河……

而有些男人也跳了河，他们骨子里都有个孤高纯美的女性，他们把世俗的社会视为男人，既无奈又爱恋，而世俗这个男人，如同纵欲的酒神，怎能容忍在自己欢娱的当下，有如此纯真而伤痛的凝视……于是，他们顺流而下，譬如屈原、譬如老舍。

现代的人，都是从情上得的病，谁又能绕得过去呢？再说了，人，首先是人，然后才是病人，不知人，焉知病？！

下雨天，湿的是心。加之半夜时被楼下一女孩肆无忌惮的哭声惊醒，当时就被一种无力感袭倒——深悟这世上你能帮的人太少太少，只能任凭她悲怆嘹亮。然后那哭声渐渐消落在楼道深处，但猛然又有一男子撕心裂肺的大吼……多么惧怕这种深夜的残暴和痛苦，男人女人如能心怀感恩相拥而眠，多好。

男人喜欢挂在嘴边的一句话是"升官、发财、死老婆"，此言倒不一定是戏谑。对男人而言，当他的境遇发生变化时，没有比身边女人的变化更能让他感到一切焕然一新。

女人呢？总是想守住生活，所以总是对儿子的成长欣欣然，对身边男人的成长却惴惴然。虽说都是虚荣心作祟，但一个靠谱，一个多么不靠谱，且每每被人觊觎，她心里还是清楚的。

男人、女人，尽管一个来自金星，另一个来自火星，尽管相知不多，却还彼此相恋、纠缠、相恨、相斗……这就是让人不解的地方。得到的往往不珍惜，得不到的又苦苦相求，何苦来呢？可不这样，人这一辈子，又了然无趣。

三

男
欢
女
爱

◇

| **男欢女爱** |　　这词用得好，在一件事上，男子的目的是"欢"，"歡"字从"欠"，鼓捣一口气而已；女子的目的是"爱"，繁体的"愛"是有心的，渐渐地，心就碎了，再渐渐地，心就没了。

　　男欢女爱，落个欢天喜地最好，最怕落个一个"气"没了，一个"心"没了。最最怕的是结了一股子怨气，恩怨不了，还累及子孙了……

　　为什么爱字到最后变成个"友"呢？"友"是手拉手，可以是"执子之手，与子偕老"，但也可能是自己的两只手因为痛苦而相绞，而痛不欲生。

　　爱情是人类最顽固的病毒，已存在几千年，而且没有疫苗……因为人类喜欢那种高热的感觉，忧思难忘，梦回萦绕，胡话连篇……所以，爱情是痼疾，也是绝症。谁都不能免疫。

　　恋爱是一种疾病，要靠生活来治愈。

爱情是一个人的事，与他人无关，只需默默。爱神的箭曾经射中太阳神阿波罗，而被他狂恋的少女却宁愿变成月桂树，也不愿答应这份爱情……

恋爱是两个人的事，所以要"谈"。谈的结果可能是恋爱，也可能谈崩了，成了路人还好，千万别成了仇人。

这个世界的本质一定是"无常"，既然人心无常，那凡事就更无常。女人最了不起的地方就是偏偏要在最无常处求有常，在不永恒处求永恒。这，就叫"任性"。

所以女人要求爱情没有错，她是勇者，她在对抗整个宇宙的冰冷。在悲悯的男人的心里，这种"任性"既可爱，又愚蠢。

男人一定会跑开，用背叛来教化女人，但女人的另一个名字叫——执迷不悟。

她会马上再爱一个。其实，她爱的不是你，她爱的是无常中的空幻的"永恒"。

永远别试图教化女人，她在你的理性之外，想象之外。

伊丽莎白·泰勒语录："我拥有一个女人的身体和一个孩子的情感。"

女人的身体是直觉，潮汐涌动，起伏不定；孩子的情感是纯真，脆弱，多变。这是一种完美和不堪一击的结合，尤其在男权文明中。

她还说："成功是一种了不起的除臭剂，它能带走所有你过去的味道。"

她还说："我不会假装是个平凡的家庭主妇。"

她都说对了，所以，她可爱，是个尤物。这世上，不是谁都可以当尤物的。

孔子曰："唯女子与小人为难养也，近之则不孙，远之则怨。"他们都感情用事，都不可理喻，所以让男人麻爪和苦恼。

庄子曾开过女人的玩笑。庄妻曾与之山盟海誓，庄子笑曰：死后不等坟干，女人的心就变了。女人不信。庄子假死，女哭之，庄子变一青年才俊诱惑之，女子心生爱慕，但虑及前言，便持一大扇扇坟，盼其早干……

国人一般骂此女脆弱多变，而西人却赞此女可爱，至少她还守信扇坟。

既然心已变，何苦再扇坟？

前面那个故事是喜剧，还有个恐怖版本——庄妻与庄子海誓：死后必随之而去。庄子假死。变一翩翩少年诱之。庄妻欲随之而去，但衣袂被棺材盖压住，脱身不得，疑庄子要拽其完誓，大恐，哭求其放她一马……这两个故事似乎都有戏剧版本，前者为《扇坟》，后者曰《大劈棺》。总之，都有些残酷和悲凉。

俗话说，爱不能考验。想起某年春节联欢晚会上的一句话：用谎言验证谎言，最终得到的还是谎言。

山盟海誓是真，哭坟扇坟也是真。人性人心自古如斯，不必试来不必验，大限来时各自奔。

吾有诗曰：

多情自被多情扰，

无情自有觉悟根。

仁是人心侥幸处，

不仁方是天地真。

仁，是人道，是可怜的人性对人性之仁的企盼和希冀。

不仁，是天道，它的法则从不依从人性的软弱，而自有其刚正和杀厉。

天道不仁是它可以无情地毁灭这个世界，但其大仁是还会留下一对好男女，再创造一个新世界。

网友说：爱情其实简单而且原始，到了人类这里似乎变得艰难又复杂，但爱情的本质没变，就是心的交换，我把你放心里是我爱你，你接受我的心是你爱我。当满足你比满足自己还满足，损害自己也要成全你——别名为，疯，或狂。

曲曰：说得真对，真好。

凡浓郁的、强烈的，都生不出智慧。

有些东西太强烈了，我们脆弱的神经会支撑不住，比如罗丹的女人们，比如毕加索的女人们，大都疯了。幸好，中国男人缺少他们那种碎骨机似的能量，他们宁肯自己跳楼，也不愿拖累我们。于是，我们这些女人，就这么在黑暗中仙儿般地舞着，脚下不必有那西班牙女人复仇般的铿锵……

过去：爱是必需品；现在：爱是奢侈品。

过去：男人是猎手；现在：女人是猎手。

过去：是志在必得；现在：是欲求而不得。

一个声名显赫的孤独的女人跟我说：再强的女人，也要有人爱。这，就是女人的软肋。

女人的一生执着于一个字——爱。得不到爱时，才会要钱吧？但，贪"爱"比贪"钱"苦——情来情往，全在人心；财来财去，不过数字。

现在，哪个爱情不被物质荼毒？！所以，恋爱中的人要想清楚：到底是爱情让你痛苦，还是物质化的心灵让你痛苦？你，能否爱我一无所有？

● 女性气质

| 气质 |　　中国人看好与坏都从"气"上论。气，是灵动的，是眼角眉梢的瞬动与妩媚，是一颦一笑带给你心的跌宕起伏。气，指"神明"的灵动；质，指肉体的丰润匀称。男人玉树临风自有风骨，女人婀娜多姿自带风流。

对中国雅人而言，好女子只可远观，不可亵玩，所以不说性感，而道风流、风韵；远观有回廊九曲，波折多情。现在女子气壮山河，便有越来越多的雅极了的男子择静而宅，喝茶抚琴，自娱自乐。于是，风骨，多风少骨；风流，多情少嫁，各有一段说不出的伤痛。

恐怕最后都是自娱自乐，各玩各的。只是男人独居者多，女子群居者多。独居者多颓废，群居者多喜乐；独居者多抑郁，群居者多狂癫。独居者冷眼看群居者的"疯"，群居者笑看独居者的"傻"。

风骨、风流、风韵、风貌——"风"指形而上之"气"；骨、流、韵、貌等指形、质。

形、质必衰，气，可以养。犹如孟子"吾善养吾浩然之气"，所以，有的人年轻时长相了了，成熟后却气宇非凡。时运到时，更不一般。

岁月催人老，贫贱催人老，忧伤催人老。25 岁之后，生命开始加速，一晃就是一年，一晃就是一年，晃得人头晕。而女子之面容，骗得了别人，骗不了镜子，更骗不了自己。所以，女子关键不在整容，而是养气、养血、养情怀。情怀一有，自然娴静慈悲，线条柔和。否则，就是整容整出花儿来，化妆化出鬼来，别人也可能视而不见，因为无"气"，唯面具耳。

这就是有些自诩的美女，为什么总不理解那相貌平常的女人怎么就拥有了那伟岸男子，而且那些男子还对那些女子无限顺从和依恋。其实，他顺从的是"场"，依恋的是"气"。

中国女性气质的界定：其本性为"阴性"，为顺承，顺承天之阳刚。其德性为"坤德"，为厚德载物，渴望爱情和生育。

西方女性呢？最愿意人们赞她"独立"和"性感"。独立，是一种不依附的状态，是让男性和自我都更放松的一种说法。性感是什么意思，是风骚吗，是妩媚吗，是欲擒故纵，还是娇嗔？……其实，它的重点在于"性"，而非中国之在于"阴"。一个是状态，一个是属性；一个强调表象，一个强调内涵。

记得上大学的时候，我用长衣长裤一身男人装束来遮蔽自己，以便混迹于一群哥们当中。可有一天，一个中国男人对我说：你不知道你的脚腕有多么性感……而另一个西方男子却指着我鼻翼上边的雀斑说：这里多么性感……那一瞬间，我忽然觉得中国男人似乎更理解性感的含义。

女人需要重新认识自我的所谓缺陷，比如：

1. 女人比较情绪化，容易激动：虽然不稳定，但是一种可贵的生命活力，是团队生活中的兴奋剂。

2.女人伶牙俐齿、多嘴多舌：是一种描述并赋予事物以生命的能力。相比较男人式的本质性的话语，她更能建立起创造性的交往。而且，孩子的说话能力，就是在与母亲的交谈中成熟的。

3.女人对日常生活琐事有强烈兴趣：琐碎是生活的本质，是生活大厦的根基。

4.女人爱漂亮：女性需要创造性的自我肯定。难道女人不该是人类最绚丽的一道风景吗？！

男权社会讲竞争、对抗、压制。

女性社会讲平等、双赢、和谐。

所以女性意识更符合现代精神。

未来是女性的。

未来的几十年中，女人会越来越彰显她们在社会生活中的价值，会把未来的生活演绎得淋漓尽致，欢天喜地。

第三章

情性浮华

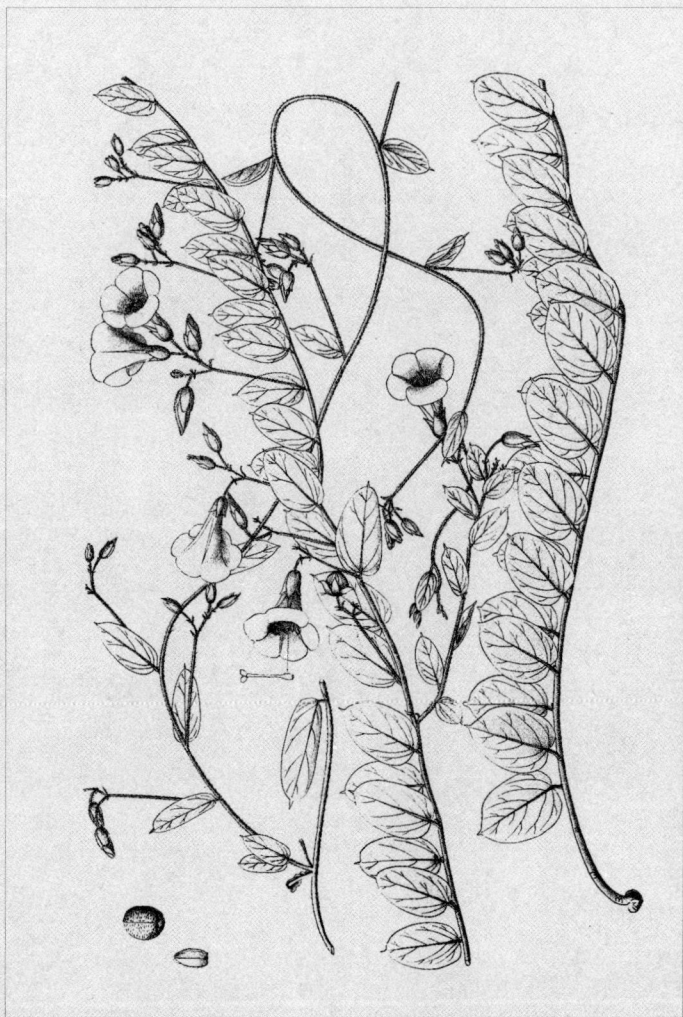

这个世界的本质一定是"无常"，既然人心无常，那凡事就更无常。

一

情·性

◇

试问天下情为何物——就是一物降一物。

理性使人活得明白，但有时难免痛苦；感性使人活得有趣，但最好糊里糊涂。

一切都要玩着看，看着玩，谁认真，谁是傻子。

人一思维，上帝就哂之。

性情：情是五脏之灵而动，而外显，不学而能。分喜、怒、哀、惧、爱、恶、欲七种。藏在心里为性，发出来为情。薛宝钗不是不多情，而是身体好，情能藏得住；林黛玉身子弱，肺气虚，情藏不住，都从眉眼之间外溢。

| 曲解爱·慾·情 | 　这三个字很有意思，一个心在中间，一个在下面，一个在旁边，一下就把三个字的内涵显出来了。在中丹田的是"爱"，它与欲念确实有差别，它比欲念要温暖，要平和，要理性。"慾"

的这个心是沉底的，在下丹田，属元神，强大威猛啊。发出来的是"情"，飘乎乎的，变化倏忽，不太稳定呵。

爱，温暖；欲，夺命；情，多变。把"心"放到什么位置很重要哦。人，渴望爱、惧怕欲，烦恼情。西方人的情人节在二月，俺们中国人恐怕还得再等等，一等等到阴历三月三，也就是四月。

爱情也是有次第的。

《巴黎圣母院》讲的是一个天性自然的吉卜赛女郎和三个男人的故事，其实，这是一个人如何面对和处理自己的身心灵的故事。对她而言，军官菲比斯是身，敲钟人卡西莫多是心，神父是灵。身的爱是欲望，欲望倏忽变化，因此最不可靠，而且会无情地背叛自己。所以少女在菲比斯那里像个奴隶一样被欺诈和伤害；心的爱是孤独，是不求回报的温柔——只有为你而死，才能得到永生，这是敲钟人带给少女的宁静。灵的爱则是最底层、最纠结，爱恨交加，充满了撒旦的气息。当"灵"的爱出现时，一般的女人会本能地抗拒，因为它可能致命，夺人魂魄。

总之，"身"的肉体欲望以满足为目的，以背叛或厌倦为终结，少女会迷恋会献身，但也会深受其害。唯有"心"的爱最宽广最深厚——它是两个孤儿之间最根本的联系，但一个美，一个丑，最后，唯有死亡会终结一切，唯有死亡，会使一切归于平等。

一般的人，会沉溺于"身"之欲，会渴求"心"之爱，只有少部分人会启动元神，不畏惧痛苦折磨而苦求灵魂之爱。2012年之后，灵魂之爱的启动也许会变成集体无意识，但因为它的强大和致命，会走两个极端：要么宗教般的狂热，要么战争和血腥。

身心灵合一的爱情举世难寻，哪怕人们对上帝的想象，也要是个美男子——完美的肉体、宽厚温柔的心、宗教般的巅峰体验和臣服，呵呵，如此这般，"朝闻道，夕死可矣"！

因为没有，或者只拥有某一部分，而且还是"些许"，再加之物化的人生，所以，人就直直地落在尘埃里了，过着灰头土脸的人生。

同样是一个女人和三个男人的故事，阮玲玉的故事比《巴黎圣母院》差远了。《巴黎圣母院》是描写少女（美）和灵与肉与情的关系，全无物欲。而阮玲玉的中国生活则悲摧可怜得多，她每每为生活所迫，要么嫁富少，要么嫁茶商，心灵之孱弱令人了无生趣。所以生存之物欲真可怕，它约束了女孩子的灵性绽放，并把生命拽入了丑陋的尘埃。

总之，穷困就像雾霾，会遮蔽心灵之镜，当你有能力去擦拭时，这面镜子已然锈迹斑斑，再也没有了天生的纯净。于是，稍不注意，人生又会在惯性作用下继续下滑……这，就是为什么有的人虽然很有钱，但心理和做派依旧是个穷人。就像很多女明星再有钱也要傍大款，而真正的女富豪却可以为了爱情嫁个穷小子。因为，穷的可怕之处不是穷本身，而是"穷"会夺走你根本的安全感，增加你的戾气，毁灭你心灵的安详。

● 情·非情

人这一辈子受的困扰中，70% 是情的问题，30% 是事的困扰。

现代人得病大都从"情"上得，大多是由于"不遂欲"。但人们论病只在"事"上论，所以，真正能治愈的又有几人？

总之，人，一会儿因为欲求而痛苦，一会儿因为满足而无聊。颠颠倒倒，就是人生。

这世上，能说清楚的都是事，说不清楚的都是情和命。

| **事情** | 事情，人们总是先说"事"，后忘"情"。

| **情事** | 就是把"情"变成"事"，是"事"就会有麻烦，就会纠缠不清。

| **情感** | 是生命能量的爆发，是以卵击石，是在用软软的心和一切无情较量。

| **爱情** | 是荷尔蒙。在男人，是占有；在女人，是生活。

曾见过一对老夫妇，把脉后笑问老太：这两天生气啦？老太羞涩曰：倒也没有，只是老伴不心疼我……我大笑：瞧瞧，女人一辈子都抱怨这个。他也是老人家啦。老太曰：两口子天天在一起，不知道"老"……闻听此言，飒然而悟，人老情不老，老人也妩媚啊。

《黄帝内经》不是讲给民众听的，而是讲给修道的人听的。而《诗经》恰恰是讲给全体民众听的，因为是人就有 70% 的问题是情的问题。

人有六识，就有共同的习性。

人非草木，孰能无情。人生处处不如意，长吁短叹总归情。

情到浓时便是空。

凡不空的，就会生病。而此病，非医药能解。

| **故事1** | 信如尾生，与女子期于梁下，女子不来，水至不去，抱柱而死——如此坚贞、如此执拗、如此傻，我甚至怀疑尾生是位女子，而那不来的女子，倒像一个叫"女子"的男子。呵呵。

是什么样的绝望，让他（她）忘记了生命的奔跑？他（她）是在羞辱人类的忘性，还是在谴责洪水的无情？

| **故事 2** |　　相传有个宫女写了一首寂寞的诗，顺着胭脂水流到世间，一位青年才俊拾到了，后来竟与这宫女结了情缘。网络就没有这番浪漫，一下子淹没在网海里还算好，最惨的是遇到网匪，结了个吓人的恶缘。

末法时代，没有曲折温馨的故事，没有了坚贞，没有了诗，没有了等待和期盼，有的，只是血淋淋的现实。

| **情的表达方式** |　　故歌之为言也，长言之也。说之，故言之；言之不足，故长言之；长言之不足，故嗟叹之；嗟叹之不足，故不知手之舞之，足之蹈之也。意思是说"事"用简短的话语，说"情"就得"嗯""啊"地长一些，再不行，就手之舞之，足之蹈之，跳舞吧。古人是真懂啊，肢体语言真的比语言、比歌咏更意味深长。一个静默的拥抱，胜过说"我爱你"呢。

孔子说《诗经》"乐而不淫，哀而不伤"——就是快乐不过度，哀伤以不伤生为准则，就是在给人的情感确立尺度和原则。快乐过度就会心神散乱，哀愁过度就会伤肺伤肾。

《诗经·柏舟》："我心匪石，不可转也；我心匪席，不可卷也"——我的心不是石头，可以任你随便把玩；我的心不是席子，可以任你随便舒卷……"我心匪鉴，不可以茹"，这句话太美好了，是说我的心不是镜子，不是什么东西都可以容得的！镜子是什么人都可以过来照一照的，但我这个镜子不干，你这个东西脏，我就绝不能容纳你！这种感情太刚烈了。

爱情中的烈女，在生活中，情何以堪？！

蹂躏和欺诈无处不在，但更坚定的是……心和信念。

纵观历史，贵妇常写"给不出的寂寞"，贫女总说"欲而不得"。

> 摽有梅，其实七兮。求我庶士，迨其吉兮！
>
> 摽有梅，其实三兮。求我庶士，迨其今兮！
>
> 摽有梅，顷筐塈之！求我庶士，迨其谓之！
>
> （《诗经·摽有梅》）

《诗经·摽有梅》是写一个大龄剩女的，那叫一个率真、生猛。她说：快看树上的梅子，已经不多了啊，你要是喜欢我，就赶快挑一个吉利的日子来追我——这是第一句话；第二句话会把男的逼傻：你要是喜欢我，咱今天就把日子定了得了；第三句话恨不得要抽男人嘴巴子了：你要是喜欢我，现在就赶快说啊！

这姑娘就是要说青春短暂，别耽误时间了。现在之所以剩男剩女这么多，就是因为都"爱无能"了。未来的女孩，凡是能把自己嫁出去的，都得靠自己，甭管采取哪种方式，眉目传情、语言暴力、威逼利诱、巧取豪夺啊什么的，要是想靠男人来表达爱意，把自己嫁出去，难哪！《诗经》的时代快回来了。

"死生契阔，与子成说，执子之手，与子偕老"，多美好啊！我们把生死写进契约，写进坚守，这种强烈的情感令人畏惧。"于嗟阔兮，不我活兮"——可是我们相隔太远了，我没法活下去了。"于嗟洵兮，不我信兮"——可惜我们分别得太久了，一切的誓言都成空谈了，因为我们再也见不到了。

李商隐是暧昧的代表，他的诗太符合现代人的生活了。"昨夜星辰昨夜风，画楼西畔桂堂东"，回忆中多是"不了情"，有星辰，有夜风，有画楼，有心境的生发与肃降，一切没开始，就已经结束……"身无彩凤双飞翼，心有灵犀一点通"——身未动，心已远。片刻凝视，相知，但不确定，宁可守着暧昧，也不要轻易触动真相。

真相有时是残酷的。"相见时难别亦难，东风无力百花残"，"百花残"是心残，心无力的感觉，如同残花飘落……心门半开不开、半闭不闭，缠绵犹豫。"相见时难"，之所以难，一定风花雪月，一定是朦朦胧胧；"别亦难"，分别的时候也难受，舍不得而又张不开口，爱无能噢。有你，或没有你，生活是否会真的不一样？

"此情可待成追忆，只是当时已惘然"——两个人似乎有感情，可是追忆吧，当时又确实没有发生什么，而一切追问都有可能让人更狼狈和失落。现代的宅男宅女们可能很多是这种状态吧，喜欢这种不确定和暧昧，没有能力去爱、去确定，到底爱不爱，是真是假，一概不知道。因为一切没开始，也就一切没结果。

仓央嘉措："第一最好不相见，如此便可不相恋。第二最好不相知，如此便可不相思。第三最好不相伴，如此便可不相欠。第四最好不相惜，如此便可不相忆。第五最好不相爱，如此便可不相弃。第六最好不相对，如此便可不相会。第七最好不相误，如此便可不相负。第八最好不相许，如此便可不相续。第九最好不相依，如此便可不相偎。第十最好不相遇，如此便可不相聚。"

全是"不"啊，怕啥呢？怕相恋、怕相思、怕相欠、怕相负……可见，情是苦，这苦，只是一味地沉降，苦的凝聚就是"病"，病到深处就是……死。

成熟——让孤独更深的东西。

年轻——可以任性胡为，因为有的是时间来忘记。

幸福是什么？幸福能够使人堕落，幸福感提升不了你，幸福感就是让你沉醉、沉溺，什么都不是，就是把自己淹没在浑水中。然后有一天突然遇到不幸，自我就出来了。

尼采说："一个人看到的痛苦的深度，同于看到生命的深度。"

一个人所经验的只是自己。

真正的爱情是有自我牺牲的意义在里面的，自私是占有，爱情是无私奉献。正是因为这样的人不多，才一直讴歌。

● 性 · 非性

1. 性能量

过去我沉醉于激情的黑夜之中

认为世界就是女人

如今智慧擦亮了我的眼睛

我发现一草一木皆神明

（印度诗歌）

年轻时越强烈地感受性爱灵动的人，在年老时越容易得到宗教上的解脱。这两个东西很类似。所以年轻时要沉醉于性爱，年老时要追求宗教上的解脱。没有爱欲的体验与感受，对神明的爱也不会生动。

一句话：在情涛欲海里折腾过的人，不觉悟则已，一觉悟就是大觉悟。

保持着精神高峰状态的人会永远年轻。

| **性崇拜** |　　最初是男根女阴崇拜，然后就隐晦了，不像印度直白的男女合抱，而是龟蛇合抱，又称玄武，"玄"神秘而悠远，"武"强大而沉静。

| **人首蛇身** |　　伏羲女娲手持规矩，"人首"各向一方或相向，强调的是差别，而非酣畅的融合。"蛇身"象征人的本能，正在努力超脱而又不能摆脱其动物性的一面。这是一张非常"中国"的画像，把我们对人性的一切反省说尽，人之能量，就在这理性与兽性的挣扎与交战中产生。

| **蛇** |　　最有灵性并左右了人类的动物。正是它，引诱西方的夏娃偷吃了智慧之果而导致了人类性意识的觉醒，最终痛失乐园。古代印度之性力派认为蛇力是宇宙的母亲，它安眠在脊髓下部，如将其唤醒，将会产生巨大的能量。中国《山海经》里大神都是人首蛇身，掌管着生殖、死亡及再生。

蛇又写作"虵"，古代的女神写作"袘"，它们共同的"也"字偏旁在《说文解字》中训释为"女阴"。女性的生殖现象在远古既神秘又可怕，如同荒原上神秘出没的"蛇"，它们可以成千上万条地盘桓缠绕，而且可以"以龟鳖为雌，又与鲤蝉通气，入水交石斑鱼；入山与孔雀匹……"（李时珍《本草纲目·鳞部·诸蛇》）。疯狂而冷血的蛇，通吃了一切，包括了人类。

《拾遗记》："华胥之渊，神母游其上，有青虹绕神母，久而方灭，即觉有娠，历十二年而生庖羲（即伏羲）。"伏羲与女娲的母亲华胥氏就是与"青虹"即青蛇的交媾而生了始祖。

母系文明的"性"是一种自由状态，它涉及创造、能量、分享等，但不涉及"臣服"。

男权文明开始时，就创造了秩序——制度、历法，也创造了"性"禁忌。帝王不只是帝王，他除了臣民，还有帝宫，还有他的女人们。一切必须井然有序，而且"臣服"。他是星空宇宙的唯一核心，一切必须围绕他而存在，并以他的意志为意志。

男权文明不赞美性，把"性"妖魔化是为了让女人无所适从，是为了让女人生活在罪恶感当中，生活在臣服和顺承中。

医学和哲学对"性"的认识：可以使人丧失自我控制的冲动，耗散人的体力，并预示着个人死亡的到来。在性行为当中，人的控制力、体力和生命都陷入险境。

但人，永远乐此不疲。

《红楼梦》里有面神奇的镜子，一面是白骨，一面是你渴望的女人，看白骨，你就活下来；看那女人，你就是死路一条。而人，往往毫不犹豫地选择了后者。

| **曲解汉字·士** |　　像男子勃起的生殖器和睾丸之形。所以，"学士、硕士、博士"是指其生殖能量之差异。后来，中国知识分子也称"士"，原本指他们要有男子之气概、男子之威武吧。"有志之士"，志，乃肾之神明，肾精足，则志向高，与"士"意内和。

| **曲解汉字·吉** |　　上为"士"，指男性；下为"口"，指女性。"吉"乃"阴阳和合"之意。所谓趋吉避凶，就是要追求男女和合向上之完美，要躲避陷下之凶恶。

性：是简单的种族及个人再生的手段，是获取享受和快乐的手段，是真理藏身和表白的所在，是欲望和觉悟的根蒂？是……

2. 理解性爱就是理解生活

性之外的东西在左右性，身体之外的东西在左右身体……人类，活在无穷无尽的借口当中。

中国人强调男权，所以重视家族、女人的贞洁等。

西人在男权问题上没有形成文化，所以开放。

西人把性看作分享，国人把性看作占有。

分享的态度使人放松并深刻；占有的态度使人紧张和抗拒。

性，从什么时候开始，成为一种交易，一种买卖？在这笔交易中，人得到的是快乐，是痛苦，还是单纯的性，还是钱？

其实，女子所有的问题都跟生命的空虚感有关，这个空虚感是由她的生命结构决定的。而子宫，又关系着爱与恩宠，所以女人不可抑制地要用爱来填充这种空虚感，男子通过学习和创造来成就自我，而女人，要用有生命的东西来成就自我。

没有天生的"荡妇"吧，潘金莲也是遇到西门庆才"色胆包天"，先前勾引武二的时候不也战战兢兢？刚开始时，谁家的女孩不是好女孩？总归有个契机，启动了一个机关，那果子就突然熟透了。

情窦初开时的恋爱是真恋爱，可以没有性，只有情；没有占有，只有牺牲。真恋爱是一个人的事情，与他人无关，因为他爱的是"爱情"。

爱情和性的区别在于：爱情是虚幻的，性是真实的。前者如锦缎，后者如沙砾。前者如仙，后者如魔。

到底什么让你伤痕累累，到底什么让你悲痛欲绝，是"欲而不得"，还是"得到之后的虚空"？

性爱是爱情表达的一部分，但绝不是爱情的全部。它强烈，可以使你身心如过山车般混沌绝望，并癫狂；可以把你催眠，让你沉醉数千年……但一定还有更强烈的东西，能让你醒来。

人之得病，刚开始都源于情志不遂所致的经脉不通，若使经脉通畅，不过三点：一、愉悦。人高兴欢喜，气血融通欢畅。二、正常的完美的性生活，可以直接启动经脉攒聚的根底——会阴，或丹田，并直达上源，通体通畅。三、锻炼。但锻炼通常不涉及心灵，较之前两者，所达效果不尽如人意。

现代人与古人相较，有一大不同：古人生活单纯，又有琴棋书画，虽三妻四妾，也只是个耗精的问题。今人则是精神压力甚重，上面抑制了松果体、脑下垂体，下面抑制了性腺，临床上多见的要么是无性趣，而不是不能；要么是虚火亢进，不能持久而早泄。所以今人已不是单纯补精问题，而是要先解压的问题。

所谓正常的完美的性生活，首先是两情相悦，情感相对稳定而深沉，如此才能"绵绵若存，用之不勤"。女子得其欲——至阴得其真阳，一片温曛，则感恩深重，不怨不怒，亦无子宫之疾患。男子得其欲——至阳得真阴浸润，玉露温柔，则魂魄安定，淡定阳刚。

性养生要点：控制冲动，保持体能，能生育新生命就是接受死亡的挑战。

但是现在，人的生育能力急剧下降。

人因为贪欲而正在逐渐丢弃繁衍人类的重大使命。

变性手术，是为了不做自己，还是要做真实的自己？

印度《欲经》认为，人的欲望及其表现有十个阶段：

① 一见钟情。这时的欲望透过人的眼睛而生成。

② 朝思暮想。这时的欲望主要作用于人的大脑。

③ 想象。欲望已进入心中。

④ 彻夜难眠，身心憔悴，衣带渐宽。这时欲望对人的身体开始产生不良影响。

⑤ 对眼中看到的事物产生反感或视而不见，只想着心中的事物。这时欲望正在摧毁人的正常思维。

⑥ 失去羞耻感，欲望已摧毁良知。

⑦ 对一切不管不顾，欲望及于疯狂的边缘。

⑧ 疯狂。

⑨ 失去意识。

⑩ 死亡。

当人被欲望奴役时，就不自由，也不道德。

有人问：人应该尽量断除欲望呢，还是顺其自然？

曲曰：欲望人人都有，但不能被欲望奴役。而且，克制欲望需要更大的能量。

3. 禁欲，是为了获得神力

为什么印度的瑜伽非常强调性能量的修炼？因为这里涉及许多重要的内涵：一、你有无与别人合二为一的能力。二、你能否瓦解自我固执的自私，而具有分享爱的能力。三、你有无能力将一种低级的、物质的东西转化成高级的、精神的东西。四、你有无创造和再生的能力……

每当事物面临转化和超越的阶段时，对我们的人性都是一种考验。

原始初民并没有在情感上产生复杂的困扰，那是一种群居的生活，生存是第一位的，婚恋显然无足轻重。私有制产生的一个显著明证就是把某个女人据为己有。随着人类精神的不断进化，人类更走向某种极端：禁欲或纵欲。男女两性的关系由最初的阴阳混沌如一变为水火不容、相互利用的冲突的双方。

西方人一方面惊讶于东方人在享乐上的克制情绪，尤其是当东方人把禁欲生活当作一种自觉的人生选择的时候；一方面惊讶于中国古代了不起的性能力——后宫佳丽三千，哎哟哟，难怪他们看好中国的春药。

禁欲的动机通常有二：一是人生痛苦，爱欲便是其中最苦；二是自我禁欲可以比世俗生活获得更有智慧、更快乐、更有力量的生命。自觉地放弃一种快乐以加强另一种快乐，以期最终达到与神性的结合，从凡夫俗子的混乱心境演变为自制的圣人，是人修行的目标吧。

当人被低级欲望操纵的时候，会因缺乏精神力量而变得无能。所以，我们首先应该自觉地生活在圣洁当中，不断地提醒那"暗的自我"，不断地使"她"保持着向明，犹如持戒，当戒律已不再是戒律，而是我们肉身浑然不觉的习性的时候，那个"我"也会大放光明。

如若不成，也要保持一种刻骨的痛苦，至少那还是一分警醒，是肉体和灵魂被启动的象征。我痛，故我在。尽管它的极限也可能摧毁肉体和灵魂，但，我来过，用我半生不熟的青涩，向黑暗怒吼过……我已经表达了我的真诚，我愿用我永生永世的悲悯来成就、来勾兑、来圆满那份永恒的光明。

在诸多欲望中，长生与爱情的欲望尤为强烈，强烈到我们可以因爱恋而永生，也可以在永生之中尝遍那痛失所爱的悲伤与痛苦。因此我们说，除却生与死对话的那种严峻的时刻，我们在漫长人生之中更多地要去体验生死夹缝中的那一刻，只有在那一刻，我们的痛苦与抉择方能显示出我们人之为人的本色……

在古老的印度，最有名的诗是艳情诗，歌颂肉体的美和情欲的快乐。最著名的行为则是离群苦行、鞭笞肉体的惨毒的自虐行为。看来，无论古代文明还是现代文明，人们都在同样的困境中备受煎熬。

在佛教看来，人生的一切都是幻境，并不可靠，肉体也不过是一些渣滓，唯有内心的觉悟才是真谛。女性一旦不再作为异己的力量存在，不再作为男性欲望的对象，她们便得到了尊重。历来大多数出家的人虽能在思想上作如是观，但肉体的困扰并不会就此完结，于是为了压制这种自然的需求，依旧强调禁欲，或在苏摩酒中求得幻觉上的逃避与沉醉。女性对于宗教始终是个微妙的话题，要么它是个大魔障，要么它是个大拐杖。

道教对医学的意义至今我们无从判定。但从社会意义上讲，它强调一种轻松、欢乐的人生观，强调男女阴阳之融合，而不是分离，承认妇女在事物上的重要性，认为健康长寿需要两性的合作，不受禁欲主义和阶级偏见的约束，这些都显示了道教与儒、释两家的不同之处。

"玄牝之门，是谓天地根。"从某种意义上讲，"房中术"抓住了我们人性当中某种根本的、致命的东西，但由于精神力量的软弱无能，而缺乏一种更广大、更慈悲、更深刻的爱，所以很多人并不会因为只掌握了部分真理而得救，相反地，他们陷入了更大的迷乱自残当中……

无论如何，任何精神的历程只有汇合肉体的历程才更完满，而任何肉体的历程也只有升华成灵性的历程才更高贵。

无论禁欲、纵欲还是遵守婚姻的法律，如果你不能摆脱肉体官能色欲的折磨，那都是一种能量的巨大浪费，是人生苦恼的源头，是无法痊愈的病态的伤口……只要你还纠缠于肉体，你灵魂的飞升，就始终维持在一个很低的水平。

只有当你充满喜悦而又心性空灵时，你才能体会那种真正的结合，你性别的局限性已深深地臣服在那片纯粹的光芒之中……这是一种深刻的从阴阳交合到阴阳突变的交融，哪怕只有一次，这种过程也意味着永恒。

就这样，你从生命的黑暗之中挣脱而出，结束了你生命之中的欲望的焦渴。爱与神圣，使你变得强健有力，并完成了自我的飞跃：从祭坛走向神坛，从乞讨者变为给予者，从被创造者一变而为创造者。

从此，你不再是祭坛上脆弱无辜的生命，不再是爱的乞讨者，不再是按照别人的观念扭曲成长的人。你开始恢宏，开始从容，开始给予，开始创造……

二

婚·姻

———◇———

爱情是情感学，或生物学；而婚姻则是经济学。

爱情是情感和荷尔蒙的挥霍，婚姻是财产和血统的算计。

历史和文学，都在讴歌爱情和剖析婚姻。

爱情的欢乐令人飘飘欲仙，婚姻的痛苦令人痛不欲生。

所以，并不是只有"药"能够治病，爱情和情欲是比"药"更猛烈的东西，可以使人死而复生……但也可以让你上瘾、不能自拔，甚至……死。

● 婚姻之内

婚嫁从一开始就错位了——女人嫁的是灵魂，是爱；男人娶的是生活。所以没有痛苦的婚姻是奇迹，不迟钝到一定境界是不会有这个奇迹的。

不是说男人不讲究灵魂和爱，但讲究灵魂和爱的男人，骨子里一般都有女人的精魂，而在现实中往往又会被"物质的女人"逼疯。世界就是这般怪诞。

网友问：曲老师您这一说我就不理解了，前面您还说女人嫁的是灵魂，是爱，后面您又说"物质的女人"，您这是自我否定呢，还是在自圆其说？

曲曰：唉！哪有什么男人女人啊。在红尘里滚的，都是人，一会儿这样，一会儿那样，心随境转，要不说得修炼呢？！最后，无男人相，无女人相，无……所有相。

越来越多的人纠缠于婚姻的不幸当中，越来越多的人因此而痛苦，而生病。所以，我们需要重新认知和反省，以便得到那每每被人念叨、被人期盼的解脱。

| **婚姻** | 　是人类有史以来最重要的一项发明。它对人类，既是保障，又是束缚。它让两个陌生的、毫无血缘的人生活在一起、纠缠在一起。直到一个孩子，把他们的血融合。

婚姻自存在开始，就是用来约束本能和本性的，而不是用来自由的。

婚姻：先是血缘婚，然后是血淋淋的抢婚、欢歌笑语的走婚、换亲，然后是一夫一妻、一夫多妻，然后又稳定在一夫一妻，然后呢？

男人把一纸婚姻证明当作了一劳永逸，当作永恒；而女人是情感动物，要的是时时刻刻，这就是男女的大不同。

动物界为了把最优良的种子传下去而选择了最强大的、最优秀的，所以它们的后代少有残疾。人类则用婚姻保障了弱者和平庸。

人类为什么需要婚姻？到底是男人需要一个家，还是女人需要一个家？

答案是：男人更需要。因为"家"意味着你在独占一个女人，并确认女人肚子里的孩子是自己的。女人无须确定这件事，因为孩子是从她肚子里出来的。

女人呢？女人说：我需要有人照顾，我需要有人爱我，我需要安全，我需要……家。但，最终的真相是，你照顾了他，你爱了他，你安全了他，你……最让人悲凉的是，他对你伟大的付出并不太感恩戴德，反而觉得你拖累了他，使他丧失了义无反顾的自由。

曾有位官员说：唉！现在哪个当官的不是被家属拖累的啊……瞧，他们不仅不领情，而且还暗含怨恨和无奈！

男人像护家狗，因为"家"对他是私属，那女人，那孩子，是他的。

在男权文明里，女人像流浪猫，即便是在父母家，也认为她不过是寄居者，最终还是要离开的。婚姻，只是给了这只"猫"避雨的屋檐，除非她生了孩子，除非她敢于面对和接受生活的残酷，否则她要继续渺茫的流浪。

在男权文明里，女人不仅要同灰尘作战，而且要同孤独作战。最后，灰尘还是有，孤独无处不在……

总归是，一片冰心在玉壶。

1. 婚姻，是否一定关乎爱情

爱情原本无关房产、家私、金钱……它只关乎美貌、细滑、两情、两性单纯的相悦而已。而婚姻，则充满了财产、占有、独霸、算计等。妇女和儿童，也是婚姻中的财产，也在这场经济算计当中。

好的婚姻不一定有爱情，因为爱情有杀伤力。而婚姻，要避免一切有杀伤力的东西。

有浓烈爱情的婚姻通常有些诡异多变，让人心痛。

据西方星相学说，婚姻在第七宫，它把夫妻视作公开的敌人、合作的伙伴，这一宫还涉及法律及生命游戏，但唯独这一宫不讲究爱情。看来人类对婚姻是否关系爱情早有定论，但是人们宁愿对此视而不见，人们一定要把爱情当作唤醒窒闷婚姻的炮弹和猛药，最后，伤的恐怕就是自己。

有没有好的婚姻，是运气。而运气，就是概率。

人类的婚姻模式有点"之"字形：谁都想要强者。男人要漂亮女人，女人要有权、有钱的男人。有钱、地位高的男人要漂亮的名女人，而最有钱的女人要有品位的男人，要艺术家。最最顶尖的那群人就是"之"字上的那个"点"，命犯孤独。

| 婚 | "婚"字从"昏"，不是说女子昏了头就把自己的一生发配了。古代有"抢婚"习俗，抢来的女人当晚就要"生米煮成熟饭"，否则第二天又要被抢回去。所以少数民族至今还有夜里结婚，新娘要"跳火盆"等习俗，以比喻结婚之凶险磨难。

| 姻 | "姻"字从"因"，"因"乃依序编就之草席。女子被异族抢走后，本家父兄第二天一定来寻，但此时生米已煮成熟饭，双方只好由仇敌变为姻亲，因次序而改变称呼。为了改变"吃亏"的状态，还发明了"换亲"，即男人的姐妹要有一个跟妻子家的兄弟成亲。虽说是"亲上做亲"，但婚姻本质已变，而成买卖和交易。

中国式婚姻里这种痕迹更深，本来两个人的事，成了两个家族的事；本来感情的事就复杂多变，再加上杂七杂八，七大姑八大姨，现在又加上了房子、票子，得，这事就成了天下第一难。

所以说，爱情和婚姻没有直接的必然联系。你要是对自己的婚姻特满足，那就是小概率事件发生了，你撞大运了。如果不满意，你就要想明白这件事，就算是上辈子欠对方的，别计较了。

《了不起的盖茨比》讲了一个好故事——爱一个人，再被至爱出卖。婚姻，通常比爱情坚硬。婚姻里的两个人，一遇到大事，就是同谋；爱情里的两个人，一遇到大事，就各自奔了。生活中，大事虽少，但大事最考验人性，并且，任何事都不能从头再来。

现代总有男子、女子抱怨说婚姻欺骗了他（她），其实，没人骗你，只是你先前不懂而已，只是你先前对婚姻的期望值太高而已。爱情是一码事，婚姻是另一码事，一码归一码，在爱情里你是情哥哥情妹妹，在婚姻里你是丈夫和妻子，你若不"丈"，她必不"妻"；你若不"妻"，他必不"夫"。

有一句很时髦的话：不要在恋爱的时候念佛经，不要在该"约炮"的年纪谈修行。反过来看，越来越多的年轻人正夸夸其谈佛经和修行，来掩盖自己在恋爱婚姻中的无能。这些人自视甚高，但在残酷的现实面前内心苍白。恋爱需要入世心，修行需要出离心。但二者都基于真诚和实实在在的付出，夸夸其谈只会让自己更渺小和无知。其实，恋爱婚姻即修行，连身边人都爱不好、度不动的，如何有广大的智慧和慈悲？！

人的情感，从来都是——没有放不下的"你"，只有放不下的"我"。

人，一定要结婚吗？——唯有大道，才能不孤。凡夫俗子，还是要在"情"上颠颠倒倒。孤，则怕，则忧，则伤，则病……抓一个人来陪，能更颠倒，或摊薄精神的困顿与慌张。

能坚持到金婚、钻石婚的，要么极端平庸，要么极端有修养，而且平衡感极强，有能力化解痛苦。所谓幸福，是一种甘于平庸的感受。我就能坚持，因为极端平庸和极端有修养，呵呵。

所以，想白头偕老，你得有足够的耐心。

有人说：嫁的人是谁，很重要，因为他决定着你一辈子的生活状态。娶的人是谁，更重要，她很有可能决定着你一生的层次和高度。

曲曰：嫁、娶都是命。有婚姻，但又不依赖这婚姻时，人才有心灵自由。

要想了解婚姻和爱情的纠结，可以去看《托尔斯泰夫人日记》。女人的要求、女人的痛苦、女人的渴望、女人的仇恨……基本上是相通的，尽管她们嫁了不同的男人，但她们的感受却差别不大。生活就这么简单，只要男人、女人在一起，发生的故事都大同小异。

"他爱我，但只在夜里，从来不在白天，"托尔斯泰夫人抱怨说，"不会有人知道他从来不曾想过要让他的妻子休息片刻，或给生病的孩子倒一杯水！"

女人要男人爱她的灵魂，爱她白日的灵动。但男人对灵魂不敏感，他更爱那夜的肉体和温暖。

妻子"成了我痛苦的根源"。"我不知道如何解决这种疯狂，我看不见任何出路。"托尔斯泰82岁时离家出走了，病死在寒冷的阿斯塔波沃车站，他妻子只能在窗外远远地看着他，他不许她进来，他临死前，还在肉体及精神两个层面拒绝她、抗拒她……这让人情何以堪？情何以堪！

宠与爱不同。爱的前提是命运，宠的前提是生活，而且有点高对下，大对小。男人爱女人会心力交瘁，而且未必善终，因为女人对爱的理解变幻莫测，踩准点很不容易。但男人宠女人会使双方都心情愉悦，所谓宠，是既由着她性子又管着她，让她在生活上离不开你，思想上又活泼自由。总之，女人，会因被爱而逃离你，但会因被宠而离不开你。失宠，犹如断臂，会痛；失爱，犹如夺心，会空。

有对平常的男女，结婚时只有1000块钱和一张单人床，但他们很快活。渐渐地，他们一起老了，男人依旧少言寡语，女人依旧叽叽喳喳少女心。

女人说：又想大海了。

男人用手机搜出最美的海景房，问：这个行吗？

女人说：真美。

男人说：那就订啦。

女人说：太贵了吧……

男人说：订了。再帮你找找周边的好吃的。

其实，不必海誓山盟，女人就是梦想家，而好男人，就是圆梦的行动者。这样的男人，这样的女人，不可能不幸福。

男人如果轻松快乐，女人就嫌他轻浮；男人如果深沉刻板，女人就嫌他不解风情……本来不过是解渴的水，非要拿它当盘菜，还要每顿吃出不同的味来，而且还想吃一辈子，这事，不仅折磨自己，还摧残了别人。能不能，彼此都放一马，落个逍遥自在？

与其"相濡以沫"，不如"相忘于江湖"。"相濡以沫"原本描述鱼肆上挤成一堆的鱼儿苟延残喘，你一口我一口吐沫沫，好相互温暖，这场景很感人，但本质上很悲惨。"相忘于江湖"则是另一幅场景——鱼儿们自由自在地在海水中徜徉，没有恐慌，不必你扶我助，大家都健康快乐……

困顿的人、温和的人在婚姻中喜欢"相濡以沫"，把生活禁锢在狭小的个人空间里，喜欢那种互相取暖、互相救助的感觉。但聪明的、开悟的，玩的是"相忘于江湖"，把生活当作浩瀚的大海，给自己和他者足够的空间，自由自在地……游。

2. 妻性，婚姻中的地雷

记得青岛人管老公叫"对象"，总感觉"对象"一词含着喜悦和平等；"老公"一词暗藏任性和依赖；叫"那口子"，是跟你分粮食的；叫"俺家嗒主"，是妇德；叫"屋里的"，是男权；叫"婆娘"，是宠着并蔑视着；叫"老婆"，与"老公"同义，有依赖的意思；叫"媳妇儿"，是新婚的喜悦。

在婚姻中，人是多么容易丢掉自己的名字和自我。无论男人、女人，在最初的新婚的喜悦里都愿意把自己和他者混为一谈，我是你的，你是我的，然后果真像儿歌里那样：打碎了你，打碎了我，把我们在泥里和一和，再塑一个你，再塑一个我……

但实际上，最终还是你是你，他是他。

婚姻中，最容易被扭曲的就是妇女，当她的灵性被物化时，当她家具般的地位被忽视或动摇的时候，她的怨毒和反抗一定显而易见。谁也不愿意满心欢喜地进去，满身疮痍地出来。

女人的天性有女儿性，有母性，但没有"妻性"，那是后天生活强加给她的，有的女人可以接受这个，有些女人一辈子都把这个"妻性"和女儿性与母性混为一谈，不仅弄得自己焦头烂额，也把男人折腾得够呛。

女儿性是撒娇任性，母性是慈悲温柔，妻性是精神肉体上的掠夺和屈从，是理智上的反抗与顺从，是生活碾压下生出的扭曲的怪物，是太多的担当与痛苦。总之，做女儿轻松，做母亲快乐，做妻子，既不轻松，也难得快乐，就是三个字——不容易！

| **妻性** | 　有三个特点——委屈，愤怒，徒劳。因为付出太多，所以委屈；因为有可能浪费一生，所以愤怒；因为对方不领情，所以徒劳。归根到底，对方是个陌生人，你只是被命运强迫着，被糊涂的月老牵了红线，和一个陌生人过了一生。生活秉性如此熟悉，但最终还是彼此不懂。

总而言之，妻性是后天的扭曲，一旦爆发，很有可能邪恶。

不要以为天天在屋子打扫、转悠的女人就是女主人，她也可能是女佣，或厨娘，这其中只有女主人没有工钱，且属于终身套牢。

| **徒劳** | 　这个词挺让人悲观的，意思就是"白忙活"。白忙活一会儿行，白忙活一辈子就……

所以，过去的父母嫁女儿都是哭嫁，现在父母则不懂这些了，嫁女儿只是告诉她是奔幸福去的，从不告诉她生活的残酷。实际上，嫁，是嫁给了责任和义务——要上孝公婆，中敬丈夫，下抚子女，还要洒扫庭除……一切，不过是苦，而妇人，要苦中求乐，要用自己无穷无尽的牺牲来换取一个别人眼中"圆满的生活"。

在《诗经》里，女子出嫁曰"归"，少妇回娘家也是"归"，出出进进，都用一个字，就表达了那女子的矛盾心情和矛盾生活。

| **聘礼** | 　旧时代为什么女方家会收那么多"聘礼"？实际上是看透了人性，看透了人心的无常和生活的无常，"聘礼"不过是一旦女子被弃，返回娘家的生活保障费用。而现在不讲究聘礼，一是女子经济的

独立，二是对人性没看通透，以至于事后离婚成为大战，对生活的伤害更大。

所以，总是看到那么多悲情的女人，那么多怨妇，那么多伤痛。

曾有一老妇人，痛斥丈夫的蛮横粗俗弄得自己病痛累累，于是我说那你就离开他呗，那老妇泪眼中透出杀气，说：不，我要耗死他。又来一老男人长吁短叹，说妻子一生辛苦无数，只是天天絮叨，他每晚要在外喝二两酒才敢回家……这是怎么啦？有多少病痛是因婚姻的不悦而引发的啊。

大病必源于情志，源于自身生活绵绵无绝期之怨毒。

夫妻间完美的性生活有时会对女人产生催眠的效果，但这种女人一定是心智与肉体相对成熟的女人，她才甘愿臣服于男人的伟岸和豁达，而她明智的小鸟依人也更提升男人的征服与爱恋。但很多耽于幻想的幼稚女人从新婚之夜就被粉碎了，再也无法完成她的成熟。一旦妻性爆发，她便"轻慢丈夫"，用撇嘴、指责、挖苦等，把男人置于厌恶和仇恨，生活也随之龌龊起来。

说真的，我反对未婚同居，但我更反对婚前对夫妻生活全然的懵懂与幻想。

古人要求"男子三十而娶，女子二十而嫁"，要女子在婚前学些织纴纺绩之事，并略微知书达理，不这样的话，则上无以孝于舅姑（公公婆婆），下无以事夫养子。晚点结婚的好处在于：男子成熟点意志坚定，女子成熟点懂人情世故。这真的很重要。

在婚姻中，最怕女子不察丈夫之意，胡搅蛮缠；男子不晓妇人之性，生硬固执。如此婚姻便是人生之牢笼。

一个女人偕丈夫来看病，她爱怜地看着丈夫说：唉，男人这一辈子都不会懂事的……

这女子好，这女子命苦，但觉悟了。

这世上，能说清楚的都是事，说不清楚的都是情和命。在中国，认命也是种觉悟。

女人在婚姻中，和男人在官场中很像，都是平衡木上的舞蹈——两臂张开，努力在心智与本能的冲突中找到平衡点。上帝给你的，就那么屁大的地方，你不能演砸。

3. 一夫一妻制

"民有好色之性，故有大婚之礼"，结婚是把人的情欲固定在一个人身上。因为人都好色，所以用婚姻来约束。其实，婚姻最重要的一点就是约束本能和本性。

一夫一妻制，必然要求肉体的忠诚和心的归属。可是，心的本质是"无常"，肉体的本质是喜欢"香软细滑"，喜欢舒服和享乐，所以，那种唯一性的永恒存在从原理上并不存在。

可一夫一妻制怎么还存在了上千年呢？它赖以存在的原因在于：一、在私有制下，婚姻是保障私有财产稳定的最佳方式。二、"心"虽无常，但有惰性，而且柔软。三、不断的道德约束。四、人的肉体感觉和心性也有惰性和惯性，长期的生活，人会有一种生活习性上的认领，天天变化的话，人会劳顿不堪。

如果每天早晨你身边的那张脸都是陌生的脸，你不惶恐吗？而且，你还得绞尽脑汁去想这张脸的名字……所以，最安全、最温馨、最掩饰自己忘性、最让对方欢天喜地信以为真的做法，就是叫"亲爱的"，现在又简称为"亲"。呵呵。

在人生的某个阶段，婚姻可能满足人心的两方面需求——理性的满足和情感的满足。理性让你活在当下，并了悟当下的荒诞；情感让你当下的生活有滋有味，知道荒诞中还有点温暖的东西，可以有点期待和长远的打算。

但不要求安全，因为世上无"安全"。"无常"是人性的真相，所有的安全和保险都是自我欺骗。

谁会背叛你？外人谈不上背叛，只有身边最熟知你的人出卖你，才叫背叛。这种事情一旦发生，信仰就会坍塌，你再也无法相信任何人。

| **曲解词语·信任** |　　信为人言，为真。任为人身之担荷，之怀抱，像母亲之怀抱婴儿，像婴儿之依赖母体。所以"信任"是毫无顾忌、毫无芥蒂地全身心相互依赖。胎儿，呼吸依赖母体，气血依赖母体，成长依赖母体。而母亲对胎儿，则是无限欢愉、无限温柔、不求回报地无限给予。真正的信任源于本能、源于血缘。

丈夫和妻子，没有血缘上的关系，可是在肉体上、生活上又亲密无间。这是一种不设防的生活，一种貌似最安全的存在，当考验来临，这其中的伤害将是最血淋淋的。

所以，有些事，有些细节，在别人看是一件小事，夫妻间发生了就是天大的事，而且决不饶恕。

夫妻之间的冷战挺可怕的，不怕生气，就怕女人因为一件小事勾起无限往事，生命的怨毒积累起来，越寻思越悲观，渐渐地，就绝望到低谷，再也无法挽回……

绝望和生气是两回事，绝望是大情怀，生气是小情调。

不平凡的人都追求精神的极大丰富和生活的多样性。这不是一两个人能够满足的，所以伊丽莎白·泰勒爱过 7 个男人，结了 8 次婚。其实，换老婆或换丈夫，都是想换一种生活，只是，有的人成功了，大多数人失败了。

在儒家眼里，婚姻是"家天下"的基石，匹夫匹妇之爱，是弘通之始。夫妇之际，是人道之大伦。

既然说到"人道"了，自然与"天道""兽道""草木道"等不同。

"天道"是春夏秋冬，该生发就生发，该杀伐就杀伐。天道无情。

"兽道"是强者为王。

"草木道"是借助自然之力到处飘摇……

"人道"则随人心善恶变化不定，有时，不该生发的生发，不该杀伐的杀伐。说"夫妇之际，是人道之大伦"，就是以男女交往的稳定，来稳定"人道"的不稳定和不理性。

婚姻是用来约束本能和本性的，不是用来自由的。

我的忠告：

女人，无论你多累，都给你那拖着疲乏的脚步回到家的男人一个温柔的笑脸吧，这不仅是在拯救他，更重要的是在拯救你的生活。怨恨只会使生活变得更糟，而不会变得更好。只要你选择了婚姻，你就要承担婚姻给你的好和坏。

如果你没有能力提升他，感化他，你就提升你自己，用悲悯感化你自己吧。然后，在过奈何桥，喝孟婆汤时，多喝一些，把这一世彻底忘掉。

男人，无论你多累，当你的老婆开始抱怨时，你去抱抱她吧，如果你不善言辞，就用你宽大的胸膛和温暖有力的臂膀拥抱那辛苦的女人片刻，女人有时很简单，就这片刻，也许就恢复了元气，焕发了精神……只要你选择了婚姻，你就要承担婚姻给你的好和坏。

如果你没有能力提升她，感化她，你就提升你自己，用悲悯感化你自己吧。然后，在过奈何桥，喝孟婆汤时，多喝一些，把这一世彻底忘掉。

4. 家庭，让人欢喜让人愁

人虽是宇宙间的流浪者，但在地球上，我们害怕孤独，喜欢抱团，所以，人是家居生活的动物。家和家族，是无常世界给我们"有常"的补贴和满足。

男性用"制度"来维系人与人的关系，所以他们喜欢建立制度和修改制度，而且他厌恶女性在家庭中不遵守制度。女性用"爱"和"灵魂"来维系人与人的关系，所以，当在家庭中感受不到爱和灵魂时，女子一定黯然神伤。因此，他们之间注定永远不懂。

男权文明不讲究爱情，而且会把"性"妖魔化。他更喜欢占有、掠夺，并把所有他占有和掠夺的东西拿到他称之为"家"的地方储藏。

母系文明只讲究爱情，不讲究"家"。因为，"家"是扼杀爱情的地方，是把"爱情"更名为"亲情"的地方。

家里的东西太多了，分散了人的眼、人的手、人的心。而爱情，要求的是专注。

执子之手，与子偕老。

让天地见证就可以了，不必再麻烦那些桌椅板凳和镜子。一个是水中月，一个是镜中花。

古代的中国式婚姻有点像撞大运，初夜就是相识，男人不知道红盖头下面女人的容貌和性情，女人亦不知那男子是粗野还是温柔。唯独有点印象的，是两家人门第相当，两个人年龄相当。但也很少听说怎么大闹的。嫁鸡随鸡，嫁狗随狗，而且有父母撑腰做主，所以倒安稳终生。

所以，传统的婚姻模式是在基本价值观一致的前提下完成了对婚姻的解读，虽然是战战兢兢进来，但舒口气后，可以坦然地用一生在家庭内部消磨爱情与亲情。

现在的婚姻则在很大程度上要我们自己去承担自我选择的后果。虽然是昂首阔步地走进围城，但那口气却松不下来，因为情爱已经提前被消费，因为诱惑太多，因为耐受力太差，因为一生是如此漫长……所以，我们反而没了祖辈那认命式的坦然和淡定。

家庭是让性懈怠的地方，因为无选择，无争斗，男人就慢慢失去雄风。失去雄风的男人则要把女人也变弱，就想出了许多奇怪的方法，比如裹小脚。

让女人裹小脚就是封闭女人狂野的心，让她无法逃离，让她的依附性无穷无尽……

现在的女人开奔驰和宝马，一脚油门就能跑得没影儿了，所以男人的世界要崩塌了。

但不会那么快，从《诗经》那么远古的时代就开始的一场伤痛，不会那么快就得到化解。感性而多情的女子不会那么快就摆脱对那阳性的崇拜和依赖。凡事皆有惯性。这是一场慢慢的、迟疑的刹车，而且，还要有足够的能量去承受刹车带来的刺耳的不悦和身体前倾时造成的擦伤……

《诗经》里有许多"弃妇诗"，但现实中有很多忧愁远远超越被抛弃这事。难道两个人生活在一起就没有被抛弃的感觉吗？你的丈夫不懂你，

111

这比被抛弃更可怕，被抛弃还是一个实在的事，你还可以跟他斗争，但是他不懂你的心，你连和他斗争都没法斗争。

女人老喜欢唠叨，为什么呢？男人一定要细心体会，女人唠叨实际上是她孤独寂寞，她想要跟你沟通，可是男人不想沟通。那么，这个问题怎么解决呢？我给所有的男同胞提一个要求——如果你还想跟这个女人共同生活下去的话，就要学会适当地表达，不管用语言还是用肢体动作。

在中国，丈夫搂着妻子深情地说我爱你总有点像电影镜头，男女都会不自在。那就不妨像猫儿狗儿那样没事爪儿撩骚一下、情趣一下、放松一下，也比相敬如宾或冷眼冷言相向要好。其实，动物之间的嬉戏打闹就是放松弱肉强食下的紧张神经的好办法。看夫妻恩怨所致疾病甚多，特此建议。再说了，这世上，哪有那么多正经事啊。

不遇突发事件，女人不太容易搞清楚自己于对方的意义。有一前辈，夫妻倒也恩爱，并育有二子。但 1976 年地震的那一晚，丈夫一翻身抱着长子就冲出了门外，并跑了很远……那妻子过了很久才带着小儿子走了出来，那一瞬间，丈夫在她眼里是那么陌生和遥远……后来，她就有了外遇。

女人一定要保护好自己，男人是天生的消耗品。他天真地认为可以到处游玩，到处留情，然后随时随地地回心转意，并回到老天许配给他的老婆身边，从不知道，也不理解女人为什么会心碎。

女人，老天已经把你许配给我，他怎么会收回成命？你又怎么可以违背天意？

家庭，有时令人发疯。因为太熟悉、太亲密，而无法伤害；或因为太熟悉、太亲密，而过分伤害。于是，先是心灵的无能，连带着，我们的肉体都无力了。

会所曾接待过一名陌生女人，她一见到我就突然开始痛哭，这令她身为名人的儿子异常窘迫，而我，早已知晓自己身上这种可以让人释放痛苦的魔力（尽管我有时很厌烦这种魔力），但令我惊异的是，此女子已50岁开外，面容沧桑。事后她说和丈夫完全无法沟通，也已经多年不说什么话，她因为厌恶这种压抑的生活而胸闷欲死……而她的丈夫则完全像个大男孩，坐在远处，眼睛里一片无所谓和无辜。

我问她：你如果真离开了他，会害怕老而孤独吗？

她回答：不怕。不会比跟他在一起更孤独。

婚姻，就是这么令人难受的。

婚姻，是人类的冒险，但从中能得到孩子和基因的流传。人喜欢自己被不断地复制，所以简单的西方人就给后代起一世、二世、三世这样的名字。中国人太怕儿孙辱没自己，就以道德为内涵，排个谱系来约束一下后代。

夫妻恩爱契合则生恭敬，恭敬则富贵长命，而子孙繁育。

中国人把姓写在前面，强调姓氏，最根本的目的是为了避免乱伦和同姓繁殖。

西方人把姓氏放到名字的最后，强调的是个人价值。

过去死了丈夫的女人叫"未亡人"，意思是在痛苦地等待死亡，以便去陪伴"已亡者"。现在的女人呢？

婚姻带给我们的困惑，并不比禁欲或纵欲给我们的更少。在一种相对稳定和舒适的环境中，两性都开始失去一部分强悍性和气力。他们更善于合作、容忍、屈从，但他们要共同承担的东西更多；他们要对整个

113

家庭负责，对人类的繁衍负责……性爱被生命之外的东西拘束，人们精疲力竭，渐渐地，性爱的狂热消融在生命相濡以沫的悲伤与欢愉中……

白天一切都苍白，黑夜能增加生命的厚重。

● 婚姻之外

离婚是上房揭瓦，是伤筋动骨；夫妻间的无聊、冷漠和怨毒是癌。

如若总是你仇我恨的，就索性放手吧。不妨效仿唐人写一道《放妻书》——"既以二心不同，难归一意，快会及诸亲，各还本道。愿妻娘子相离之后，重梳婵鬓，美扫蛾眉，巧逞窈窕之姿，选聘高官之主，弄影庭前，美效琴瑟和韵之态。解怨释结，更莫相憎。一别两宽，各生欢喜。"如此心境，难得难得。

笑拟《放夫书》一道：夫妇本三生结缘，今缘不合，想是前世冤孽。既以二心不同，难归一意，快会及诸亲，各还本道。愿夫君相离之后，沐浴弹冠，重振乾道，勿忘我辛勤培育之苦，多多怜香惜玉。莫求相濡以沫，但求相忘于江湖。解怨释结，更莫相憎。我不黄脸，你自鲜花。一别两宽，各生欢喜。

1. 要么是才子佳人，要么是奸夫淫妇

| **出轨** | 凡出轨，无非是女人"女儿性"或"母性"的出轨，是天性的出轨。"女儿性"出轨大都以成熟男人（父亲）为目标，常常被成熟多金体贴男诱惑；"母性"出轨大多是对一种脆弱的垂怜，她只想付出，并像母亲那样去关爱……

114

而一切出轨一旦转为婚姻，那无理愤怒的"妻性"就会在生活中渐渐爆发，直到淹没母性与女儿性，剩下的，便是悔恨和怨毒。所以，红杏出墙的人很多，但一旦移了根儿，能活下来，并再次绚烂的恐怕不多。

爱情，中国人不太讲究爱情，所以古代的四大经典小说大都在讲友情，顺带着说点男女奸情。

《三国》：三个男人之间的友情。

《水浒》：一百单八将中只有三位女性，孙二娘、顾大嫂都称不上漂亮，只有扈三娘是"天然美貌海棠花"。美艳的潘金莲之辈都不得其死。

《西游记》：四个男人间的故事。

《红楼梦》：一大群少女的友情故事及其与同一个男人的无终的纠葛。

爱情：美艳、虚幻。它的美艳可以让人认为自杀都美丽。

奸情：真实、强烈。"淫近杀"——它的强烈可以导致杀伐。

一个男人跟女学生解释他的风流韵事：老农民跟他嫂子、跟他弟妹胡来，那就是缺德；而风流才子怎么闹，都是韵事，都是佳话。就这么个差别。实际他们干了一样的事，但结果不一样。老农民瞎搞，最后抑郁而死，而风流才子流芳百世。

您的意思是：人类的道德观是否要因人而异？（学生们疑惑地望着老师。）

男人说：我不是为了将来我和你们谁要乱搞关系来找托词，如果你们谁要跟我能搞到这个关系，那也是自然而然的事，那也是我控制不住、你控制不住的事，它是自然导致必然的事。

最后故事确实发生了，但糊涂的姑娘们都欢喜地活着，男人却髓干精散，死了。

因人而异？一般来说，科学家需要稳定而相对富裕的生活，包括稳定的情绪、稳定而有序的思想等，才能使他的工作循序渐进。而且科学家整天都在观察变化和变异，所以他更珍惜"不变"。而激情才子却喜欢波澜壮阔，且性情不稳定、多变，他无法把目光聚集在一个人身上，他对多样性的渴求远远超出了他对稳定的渴求，他的脚步虽是暂停，却还要你对此感恩戴德。

中国的诗里，最突出的是乐府诗，有爱情，而且强烈。而在传奇小说里大多是奸情，是奸夫淫妇，哪怕是才子佳人，最后也没啥好结果。

如果没有刚烈，哪怕才子佳人最后也会沦为奸夫淫妇，比如可怜的崔莺莺；有了刚烈，妓女也可以是佳人，比如李香君、杜十娘。所以，在爱情当中不能提升自己而自甘堕落的就是奸夫淫妇。

其实男女关系，凡通过爱情提升了自我的，就是才子佳人；凡心灵因这层关系而坠入地狱的，就是奸夫淫妇。往往是，开始时都唯美，都钟情，都是才子佳人；慢慢地，就如同食物长了霉、变了味，成了吃亏占便宜般的物质算计，人也开始龌龊了，就成了奸夫淫妇。

2. 情人，是贵族情怀

如若没有伟大的情怀、极高的平衡能力和极大的臣服心理，是做不了"情人"的。伟大的情怀可以让人无私地奉献，极高的平衡能力可以让人蔑视世俗，而唯有"臣服"可以使人有分享的喜悦……所以，在中世纪的贵族生活中，歌德有情人，肖邦有情人，但现在，没有贵族，更没有精神贵族，所以，没有"情人"。

别用"一夜情"来玷污"情人"这个词。但凡自私、但凡畏缩、但凡偷偷摸摸、但凡不刻骨铭心、但凡转瞬即逝的，都不是"情人"。

曾经夜游美丽衰颓的秦淮。秦淮八艳令人唏嘘，做男人真好，可以爱那些可爱的女人，可以做她们的情人。

但女人们并不全买账，李香君会因情郎的变节而血溅桃花扇，并不是只有男人的情变会伤害女人，男人的变节也会遭女人唾弃。

从当年的艳都秦淮回来的当晚，我和燕儿、琴儿、筱筱，先去贵宾楼吃自助，然后去中山音乐厅，在贵宾包房里，听钢琴曲《肖邦之夜》……

这，就是现代的高雅生活——女人和乔治·桑在一起，男人和肖邦在一起。

3. 外遇，致命情殇

研究显示：撒谎使患心脏病的概率倍增。科学家用 4 年时间追踪 1000 名男性，结果显示，有长期婚外情的男性罹患严重心脏病的概率增加一倍以上。研究者说，秘密性关系会对血压和心率产生不良后果，但同时，婚姻中的良好性关系却能够提高预期寿命。

| 情人 | 这个词本来挺撩人心意的，现在把它界定为婚姻之外的艳遇。更有人说做情人要具备"潘驴邓小闲"几个特质：潘安的貌，驴的性能力，邓通的钱财，甘于做小的心态，有闲工夫和情调。难哪，都凑在一起不容易，当今社会，做丈夫不易，做情郎更难。

情郎带给女人的不确定性和丈夫带给女人的确定性，都会令女人厌烦和不安。这，就是女人的麻烦所在，既要安全稳定，又不能没有涟漪。

情妇对男人而言，是心上的"痒痒挠"，是让人上瘾的隐秘毒药，是粉红蕾丝和黑色胸罩，是男人圈里的炫耀，是悬在头顶上的一把小刀，是丢不下的包袱，是秃顶上的稻草……总之，是婚姻之外的可能根拔堰倒的致命情殇。

他们之间，更多的是激情吧，那时是绝对的"色胆包天"，你侬我爱，欢天喜地的。但后来就慢慢地变味了，成了难言之隐、难言之痛；有的，最后还成了尖锐的刺痛，动枪动刀的，这就叫"淫近杀"吧。

赌近刑，淫近杀。还是远离赌、淫、毒吧。

凡使你舒服的，必调肾精，比如性生活，比如毒品等。调肾精，就是色声香味触法。

消遣是一时的东西，一不如愿就产生烦恼。比如未婚同居——没有责任，没有道德约束，只是满足欲望，顾眼前利益，无长远计划，一准儿会"始乱终弃"，虽说是"荷尔蒙"惹的祸，但过去之阴影一定影响未来之生活。张生尚可以再娶名门女，崔莺莺一定不知所终，甚至浪迹烟花巷中。

"于嗟女兮，无与士耽。士之耽兮，犹可说也；女之耽兮，不可说也。"这几句可是劝诫男女不要沉溺于情感的千古绝唱。女人啊女人，不要与男人沉溺于情爱。为什么呢？男人沉溺于情感，尚且有解脱的时候；女人只要沉溺于情感，一辈子都摆脱不掉。

道德就是考虑长远。养生也是考虑长远。总之，把人做好了就是养生。

有一留学哈佛的中国雅士，曾遭遇美女无数，所娶亦是哈佛同学。但后被一极端粗俗、极端无知、极端率真的单亲妈妈拿下，而抛妻弃子。问他为何如此，他说：刚开始是不好意思和震惊，因为从没遇见女孩子可以这么直接地表达自己：爱我吗，那要为这份爱给我钱啊，让我穿得漂漂亮亮地来爱你……那女子拿到钱马上就会输在牌桌上，后来甚至偷偷地把男人的豪车给卖掉了——既然那么爱我，干吗还在乎辆破车！总之，那男子被她折腾得倾家荡产，多次打斗分手，但至今不离不弃。

看来男子也伤不起啊。

后来那女子来见我，因为她疲惫了，想和那男子结婚，但男人守着最后的底线，不肯。她许诺我说：告诉我把男人牢牢抓到手的咒语吧，如果我得手了，我会把他最心爱的古董偷出来给你……我大笑，她的简单直白一定会把头脑复杂的男子弄晕。

爱情、情色无关乎智商、情商，只是魔咒，念者和被念者只能前行，而且对前方有无解药，毫不知情。

一个花花公子一直在猎艳，老去外地见网友。一次和网友晚饭后，心知肚明地返回酒店，两人都对即将发生的事情确定不疑。在上楼梯的时候，男子忽然瞥见女子精致打扮的鬓边有几丝白发，心中忽生悲凉，说：到此为止吧，明天我还有重要的工作要准备……

我们很替那情殇的女子伤感，她一定不明白突然发生了什么，她一定在卸妆的镜前更加沧桑。我说：哥们儿，不带这么伤人的。我要是你，会因为那几丝白发而把她搂在怀里……他说：那是因为你是女人。

那一瞬间，飒然而悟，男人，是多么地惧怕衰老。终于明白老男人对年轻女子的迷恋了——源于心灵深处对死亡的惧怕，源于对抓住青春尾巴的渴望，源于一种松软对弹性的无意识占有，源于一种对生命即将逝去的哀痛与臣服……

爱姣美，为什么不能爱沧桑？

那女子身上的香水已然败落，残香，不是香吗？不照样袅娜、飘逸，何至于……无？

所以，寻情的路是条伤感的路，在不经意中，你可能就会受伤。那"潘驴邓小闲"有时也有倔强的醒悟，那一瞬间，会把你推到失重的边缘，如果你不能及时地展开翅膀，你就有可能从一种无法忍受的真实的虚空，坠入另一种更无法忍受的虚假的虚空……

由色而得空，也是觉悟吧。

听说一个男人临死前把房产、钱财都给了老婆，说：这辈子你跟着我辛苦了，好好把孩子都带大吧。然后把情人叫到身边，从《……恋》书里拿出一片枫叶，说：这是我们相爱的当天我在西山采的枫叶，送给你，当作我们永恒爱情的纪念吧……

过去的女人会因此涕泗滂沱，现在的女人呢，什么反应？真想看看那情人的表情。

女友说：现在有的人在"集邮"女人，有的人在"集邮"男人，而我们这帮人，是精神的集邮者。呵呵，精神的集邮者，至少安全，而且省却无数烦恼，不错，就这样吧。

这世界是虚假的存在吗？如果是，它就最怕真实、最怕认真。

有人问我对新的《婚姻法》解释有什么看法？

曲曰：只是今天早饭时听了会儿新闻解释，没太听明白，只是觉得充满了"分配""财产"等字样。生活的过分物质化令我窒息，当时只想一句话：假如生活被毁掉了，我就什么都不要了。算来算去，把灵魂都物质了，玷污了。

中国人的离婚不是"打"，就是"闹"，总之得折腾一阵。过去，有的人打也打过了，闹也闹过了，几十年也没个结果，一生就这么虚度了。

现在的人，一句话不对付，可能就离了，越嫁越出彩的好像也没几个。但有些女子确实与先前的女人不同了，要劝她再婚时，她会大笑地说：我傻啊，为了一棵树，毁那一片林……

啧啧啧，了不得。一个新时代，要开始了吗？

未来的生活，可能超乎我们的想象，可能会颠覆我们关于生活的所有想象。那时，我会是个气壮山河的老祖母吧，坐在花园的摇椅里，对着那帮胡作非为、生机勃勃的少男少女，讲述我们曾有过的古典的执着和优雅……

● 孩子，我崇拜你

总是惊叹生命的发生，一个小小的受精卵，就那么圆满，就那么不可思议地变成你，当我第一次看到襁褓中的你，你的威仪、你的大气，猛烈地震撼了我，我感恩苍天和大地，我不知自己何德何能而能够拥有你，我不知自己何德何能而能够和天使在一起……

没有什么能超越创造生命的喜悦，没有什么比知晓我们的血脉因爱的融合而在一个新的生命中奔涌更令我们惊异，当我们把这个小天使拥在怀中，我们知道，一切重新开始，我们重蒙天恩，直至永恒……

听人说，孩子要么是来讨债的，要么是来报恩的。我更愿意把孩子和父母的关系想成是一个灵魂对另一个灵魂的渴求、一个生命对另一个生命的信赖……当我刚会说话的小儿表现出无所不知时，我猜想人一定有轮回，或是众多的灵魂在宇宙中碰撞、和合……然后，他找到了我浑圆温暖的子宫，最后，给了我一个全新的世界。

从那以后，我不再沉溺在自我的幻想中，我开始为众生着想。我不再是一个人，不再是自己，如同引线，我被点燃。

这是一个永恒的故事，一旦开始，就必须把它讲完。

亲爱的孩子，很高兴你选择了中国，因为只有中国有长城那么长的经典，如果你肯，你就会一路瞻仰那些睿智的老人；亲爱的孩子，很高兴你选择了我，你使我不敢懈怠，必须勇猛精进来成就自我，进而来成就你……哦，你的眼睛告诉我，你也是个老灵魂吗？那你是来接引我，成就我的今生的吗？好的，我跟你走。

孩子，我崇拜你，崇拜你的灵性，崇拜你太阳一晒、风一吹、雨一淋就长高的成长的能量。真怕我过分感性的、强大的爱会约束或放任了你，只好把你交给父亲（我乖乖地跟在你们后头），让他用诙谐的、阳刚的、真诚的品行，来成就你未来面对世界的从容。

孩子，我一定会保持我那脆弱的理性，不用非理性的情感来胁迫你，来逼你就范于世俗。

孩子，我不知道你将来面临的世界是好是坏，但在我陪伴你走的这一程里，我会以足够的耐心来守候你、等待你，不让你被邪恶熏染。

孩子，对于男人，是弱者。

孩子，对于女人，是天使。是她羽翼下的温暖的小鸡，是她心中的一根亮针——既痛，又永不消失。

经常看到有的孩子为了保护爸爸妈妈的婚姻，选择了疾病，而呼吸窘迫。真的替这些纯真无助的孩子难过。呼吸的窘迫源于现实的窘迫，大人争吵引发的恐惧让他们不能呼吸到底。孩子不会掩饰、不会装假，他们的生活被大人掌控和左右，他们的力量太弱，不会申诉……请不要伤害他们。

孩子，对他们来说，生活的完整性至关重要。因为只有人类有漫长的抚育期，譬如马儿，一出生就要学会站立，而你们，至少要三年的时间才能免于母怀，这也是圣人规定子女要为父母守孝三年的原因。最初的弱是为了成就未来的强大，因为人类的生存环境可能比动物界更艰辛、更复杂和缺少自由。

心理学家戈尔曼曾做过一个实验：每个人两颗糖，如果现在吃，马上得到一颗糖，如果坚持 20 分钟后再吃，这两颗糖就都归你了。然后留下一群 4 岁左右的孩子待在房间里。一部分小孩把糖咬到了嘴里，另外 2/3 的孩子选择了 20 分钟后得到两颗糖。几十年后的结论是——自制力等意志品质是成功者重要的心理素质。

这个实验我给一些 3~4 岁的孩子做过，中国孩子共得出 4 项选择：一部分吃了，一部分等到 20 分钟后，还有个孩子只是在 20 分钟之内舔了几次，但没有吃（既得了当下，又拥有了未来，自制力更是非凡）。还有个孩子问如果再等 20 分钟，能不能得到 4 块糖？中国智慧啊！这个睡狮不醒则已，醒了吓死人啊。

所谓"意志力"，在大人，是如何抵御苦难和坚持伤痛；在孩子，是如何抵御甜蜜的诱惑。

考验，并不全是"苦"的。

所谓"三岁看老"，就是看小孩的意志力和天性吧。小儿不到一岁时我就看到他的老灵魂了——在"学步车"里就能帮厕所里没手纸的姥姥拿手纸了；在冬天的早晨给他穿衣时，他会嗷嗷叫着指着你的棉衣让你先穿；每天早晨会在爸爸的枕边摆好眼镜、香烟和他舍不得吃的小点心……他是来帮助我们的圣人吧，除了臣服地望着他，狂喜时咬他圆滚滚的小胳膊，我不知该为他做什么……他超越了我对孩子的想象，我必须膜拜他。

小儿迷上象棋，我赢了他，他就大哭；我要输了，他就救我、帮我。这就叫纯真。

所有把孩子带到这世上的女人，都要坚强和快乐。2012 不是年代和数字，而是我们心灵翻天覆地的一次征程，必须坚守，必须。愚昧随时会来，愤怒也常常会有，但，爱，也永恒。

父母与孩子

| **缘分** | 是尘世缘。你的孩子并不属于你，他是人类生命延续的结果。

| **不求** | 别把他的成长和你的愿望过分相连，他是带着他的口粮、他的使命来的。

| **不追** | 你和他的缘分，就是今生今世平等平静地望着他，来时欢喜，去时不追。求得太多，追得太紧，只会使我们失去他们。

在全民焦虑中，最可怕是焦虑的父母，然后杀伐着焦虑的孩子。不稍稍放开我们的爪子，再用自我的执拗去逼迫他们，就真的有些罪孽了。

现在人有钱了，会变着法地折磨小孩。吾有一友，老而有钱，老而得幼女，甚宠，一岁即送学校，聘中、英、日、法、德五师教化，后惊惶哭泣带女前来求治，小女已拒绝开口说话，唯学猫咪之"喵喵"……甚怜悯哀痛此女，虽生富贵之家，其苦更为良多。更恨此等父母，一句鸟语不会说，却伤害天真如此。细想，小猫不过喵喵，不照样活泼自在？

寒冰说：低能量级的人是高能量级的人的奴隶。假如孩子的能量级是300，成年人之所以喜欢为他们服务，因为大多数成年人能量级200都不到。

能量级，一种感染震撼别人的能力，一种光，一种慈悲。

人能够臣服的，一定是比自己能量级大的事物。在孩子小的时候，我们做父母的真的只想为他们付出一切，那时候他们的灵性远在我们之上，所以除了崇拜和爱怜，我们不会想到要回报。但一旦他们过了忘恩负义的童年，他们的任性和胡闹会使我们劳顿不堪。人都是渐渐失去耐心的，我们会暴怒和怨恨，会为我们过多的付出而要求他们的无条件服从……当他们越来越像我们的时候，我们更会把对自己的潜意识的不满和怨恨转嫁给他们，我们甚至会把他们加入到我们大人利益的算计中，开始情感掠夺和索取。

人与人之间，父母与孩子之间，能不能少点以"爱"的名义的感情勒索？太爱了，太贴近了，让人窒息和惶恐。别老说：你是我的，我这是为你好，我这一生全部为你付出了……天啊，您是让我生活在对您的负疚中，生活在这种原罪中，永生永世抬不起头吗？

能不能每个人只过好自己的生活，能不能让我自己，去受自己该受的罪，去享自己该享的福？

孝，是养老送终。不是给她钱就是养老，而是成就她的愿望，纾解她的痛苦等才是养老。不是把她送到医院开了刀才是送终，而是略通医道，解除或帮她降低病痛才是送终。老，是苦，是病，是人生不可避免的伤痛，老而坚强，而不是脆弱；老有所乐，而不是自怜自艾，应是未来老人的追求。

三

女人·萝莉·女神

◇

3000 年来，男人掌握了话语权，不管内心如何，在他们的话语里，女人是个玩笑，是个玩偶，是他们生活中的风景。

女性，如何在父权制社会找到自己的定位，一直是女性主义者关注的问题。

英国女作家弗吉尼亚·伍尔夫认为："对任何写作的人来说，想到自己的性别，都是不幸的。做个单纯而简单的男人或者女人是不幸的；一个人必须是男人般的女人，或者女人般的男人。"

她引用英国诗人柯勒律治的话——"伟大的心灵都是双性同体的"，伍尔夫指出，单纯地以男性或女性身份思考，将"干扰心灵的完整"。

确实是这样，我们常常被自己的性别拘束住了。老天降生我们时，就用性别把我们的生命推向了偏执与分裂，然后让我们用终其一生的追寻，来圆满我们回家的路。

● 男权文明下的女人

中国文化，从周代至今，男权文明一直占主导，女人的话题始终飘忽不定，坏女人更容易加载史册，因为她要为男人的失误承担责任。

中国人说"黄帝四面"，他可以看到四方吧；西人说圣灵、圣父、圣子，他能贯通三界吧。但从来没说过女人几面、几层，是不屑，还是太多？

夏亡以妹喜，殷亡以妲己，周亡以褒姒。妹喜、妲己、褒姒这三个貌美如花的女子，居然干掉了三个伟大的朝代，现在的贪官也大都是为女人折腰，女人是弱不禁风，还是力大无穷呢？

自古红颜祸水——这里有女人的自我反省，也有男人的推卸责任。

一个女人的倩目巧笑就能毁灭的国家，多么脆弱。

帝曰："我其试哉，女于时。"是说尧禅让王位给舜之前，先把两个女儿嫁给他，看他能否管理好她们。

管理好女人就能管理国家，女人与国家的关系就这么微妙。

人类文明，正在经历一场变迁，从男权的、霸道的、自强不息的过去，走向女性的、宽容的、厚德载物的未来。在阵痛中逐渐苏醒的，是一种包容的情怀，是认命式的慵懒和温和的微笑……

即将来临的母系文明令人憧憬。女人真的能得到自由吗？从内心深处，我畏惧这种自由。自由使我涣散，我宁愿匍匐在对那自由的探索中……

在未来的母系文明中，男人将会怎样？他们是否将自己野兽的心变成慈悲，是否会俯首听女人的教诲？

而女人能否超越肉体的局限？

很难。问题是，超越了又能怎样？

● 萝莉

| **洛丽塔** |　　一本非常著名的小说，一个少女的名字，洛、丽、塔，每一个发音都使你的舌头卷起，再缓慢地释放，很性感的名字，会使你的舌头愉悦……中国的老子和西方的纳博科夫都迷恋少女，而她们的母亲却假装看不见她们……

《子夜歌》："宿昔不梳头，丝发披两肩。婉伸郎膝上，何处不可怜？"——天哪，中国的小萝莉，更让人倾倒。

| **少女** |　　为"妙"，既然"妙"，就不可言说。老子说："玄之又玄，众妙之门。"道教又称之"姹女"，用水银来形容她们灵秀、通透而又致命的特性。在"情窦"开与未开之间，在危险与静谧之间，在青涩与灵通之间，她们俘获着、秘藏着生命的种子；她们修砌着自我的青藤环绕的围墙。而结果，一定是绽放。

只是，这面围墙剥落的时间，在过去，是很长、很美、很让人期待、很让人遐想的一个过程。现在，则短之又短，很多女孩子，她们太快地成熟，太快地绽放，太快地衰萎，既无一低头的娇羞，也无澄澈眼神的拒绝与坚守，既不夺命，也不致命，一下子就滚入了没有她们位置的滚滚红尘中。

虽然很熟，很职业、很讨巧，但没有位置，只是干女儿、干妹妹、干……渐渐地，连未来都尴尬了，渺茫了。

适人者为妇人，等待者为女子。妇人是已经把一生都交代出去的人，所以多失望、多怨恨；女孩是等待者，前途渺茫，但女孩儿一般把前程看得特别美好，多憧憬、多希望。

少女守其"贞"和"洁"，贞，则坚定、沉默、勇敢；洁，则不同流合污，洁身自好。妇人守其"容"和"忍"。容，虽纳百川，而易好坏兼收；忍，则暗藏戾气，杀气一重，不免伤人害己。

中国的少女崇拜者有老子和曹雪芹，西方有写《洛丽塔》的纳博科夫。他们都参透并迷恋少女的不确定性和灵性，她们若即若离，玄远、迷蒙、心机奥妙、多情而不滥情、婉转而无邪。而妇人，则是这些智者厌倦的对象，她们对世间事物及物质的过度迷恋令人不安，对情感的过度掌控、过度渲染更令这些男子惶恐，并且避之不及，甚至让纳博科夫们屡屡起了杀心。

而母亲与这些萝莉的情感更为微妙。一种微妙的压榨和抵触，一种仇恨之外的深刻的爱情，一种无理的杀伐……因情感太浓，所以生不出智慧。

一次，身边坐一个独自坐飞机的七岁小女孩，她"哈韩"，长长的刘海遮盖了她美丽的小脸。她一边系安全带一边说：我最讨厌安全了，安全没有用！我最喜欢紧急了，紧急太好玩了！要是飞机掉海里就好玩了，我就不用学钢琴而直接学游泳啦——令人敬佩的○○后。

我帮她把头发撸上去，说这样多漂亮啊。她说：没范冰冰漂亮！我说：不对，比她漂亮！她说：那就没李冰冰漂亮！我说：不对，比她漂亮。她说：那就没你漂亮！我顿时语塞，有种被小丫头耍的感觉。

她问：你猜我想当男人还是女人？我：男人。她：哇塞，你猜对了。那我将来想干什么？我：进演艺圈。她：哇塞！你又对了……我渐渐无语。她跟我的童年完全不同，但我知道，如果飞机出事了，我一定会紧紧地抱住她……飞机起飞时，她把小手放到我手心里，过了一会儿，她就靠着我睡着了。那一瞬间，我想有个女儿。

不是亲生的女孩还好。我爱缭绕在我身边的姑娘们，她们没事就过来给我捶腰捶背，领了薪水就在办公室转着圈地跳舞。我总感叹：要是老公能娶小妾话多好啊，还省了工钱了。她们说可我们只想当丫鬟啊……我在电视台录像的时候，她们就去逛古文化街，然后嘻嘻哈哈地陪我去吃吃喝喝，这几个孩子，除了不求上进外，真没啥缺点……

等我老的时候，会收一大群干女儿吧，她们聪慧、靓丽，充满活力，一定会照亮我黯淡的末路人生。

| **中年妇女** |　　有一个笑话说一卖鸡蛋农妇路遇暴徒，疑其抢蛋，狂奔，蛋破。暴徒强暴之，妇人大哭：要早知这样，就不跑了……

| **处女** |　　宁死不屈，她们有一种对自己肉身和灵魂纯净的忠诚。她们仰望星空的静思神态，表明她们愿以自己为祭品献给神明。这种最高形式的爱，本该使她们蒙受恩宠，但越来越多的人不明白这些了，不坚守这些了，于是，伤痛便如污渍，人生再也无法洗净……

尼采说"上帝死了"。没有神明的时代，就没有精神上的"处女"了，也就没了纯净，没了仰望星空这种高尚的"痛苦"。所以现在的人，连"痛苦"都低级。

贞节分两种，女人的贞节源自对性的恐惧和对情感的挑剔。男人对女人贞节的看重是占有欲和自私心理——这种自私源于基因传递的自私。

有一奇怪现象，西人畏惧处女，国人对此相当在意，滑稽到修复处女膜在中国形成产业。畏惧者似乎害怕处女之能量，在意者试图汲取其能量。故过去西方风俗——让祭司们来解决处女的问题，一旦卸掉了她们的原始能量，她们平庸的丈夫就安全了。甚至后来在西方还有了贵族的"初夜权"问题。

在许多童话里，都可以看到公主们与父亲同谋，来考验那些傻乎乎的青年求婚者。考验是"不可能"完成的任务，又是杀龙，又是除魔，通常，前面几个年轻人一定挂掉，最后的那个成功者一般要得到公主的暗中帮忙，否则那女孩就要荒老终身啦。

没有父亲愿意嫁出女儿，甚至有些偏执的老国王会把他的女儿们封闭在九层高台之上或阴森的塔楼里，但春光遮不住，一般七年之后，那些女孩从高台和塔楼重返人间的时候，都是怀抱着"神"赐予她们的幼子出来的……一大群高贵的单身妈妈哟，后来成了人类部族的高祖。

无论如何，性具有某种破坏性，有些暴力的成分，尽管它最终可能建立起什么，但总有人会意识到：某种尊贵、某种完整、某种诗意不复存在了……她不再是洪荒自然中的精灵，一个时代就此远去，她的生命被分成了两部分，前一段是诗，后一段是散文，或令人厌倦的小说。

处女一旦失身，能量就出现问题了，就从出题者变成了被拷问者，这种拷问不仅来自男人，更来自自己。

● **女神时代重又来临**

在玛雅预言里，一轮文明的周期转换是 5125.37 年。而且居然还有人推算出了我们所处的这一个周期的起始点——公元前 3114 年 8 月 11

日，那么到了公元 2012 年 12 月 21 日这个奇妙的日子，一个新的周期
将重新开启……人们开始怀着复杂的心情等待这一伟大转换的来临，谁
也不知道会发生什么，但无论如何，我们愿意和这个时代一起变化。

往哪个方向变化呢？中国古代有神秘的"三易"说——《连山易》《归
藏易》和《周易》。《连山易》以"艮"起卦，为少阳，为人类的神话时期，
有"创造"之辉煌。《归藏易》以"坤"起卦，为老阴，是母系之人类文
明，有母仪天下的威仪。《周易》以"乾"起卦，为老阳，是父系文明之
端倪。所以有人预言，几千年的《周易》文明后，《归藏易》将取而代之，
女神时代重又来临—— 一种灵性的、包容的、柔和的文化将在革命的血
腥之后重新抚慰人类，把人类从极度的物质化引向灵性和幸福……

保持文化的宽容是一种女性的态度。男人无法宽容，因为保持"唯
一性"就是保持男权统治的唯一性。在这个话语权里，女人只能是"第
二性"，是一种附庸。

无论如何，3000 多年了，她们属阴，她们潜行在黑夜里、梦境里和
泥泞的土地里，每晚，她们紧闭双唇，倾听麦子抽穗、包浆的声音，倾
听战士的马蹄敲打她们胸口的声音，倾听远处流浪诗人的哭泣和独语，
她们只能默默地忍受和等待，因为她们的舌头，已经为了爱情而献给了
安徒生的巫婆……

1. 两个老灵魂的相遇

我们要开始一场自己跟自己的浪漫，自己跟自己的爱情。

曾经有个庞大的女巫集团，淹没在由男人来书写的历史的背后。在
西北昆仑山系，有女娲，有西王母，有女丑（《山海经》中的女巫），她

们的形象怪异、奇特，女娲如肠，西王母豹尾、虎齿，女丑如蟹，嫦娥似蝉似蛾，但她们是永生秘密的掌握者，是惩戒人类的灾难的制造者，是生命的创造者……男人故意忽略了她们，或把她们变形，变成自己能接受的顺从的美女。

英格丽和我在山东泗水的水阁里曾经彻夜长谈，谈话的时候她总是盯着我，总怕半圆的冰片一样的月亮爬上屋顶的时候我会突然地显出原形，长出九条美丽的狐狸尾巴……而我则笑她是虎齿、蓬头、戴胜、豹尾的西王母。总之，两个老灵魂的相聚是那么的欢喜，我用手机对她一通乱拍，拍她莎乐美式的头发，拍她神秘的眼，拍她柔软性感的嘴唇，拍她的脚，她说她的那双脚花了49年的时光才找到我，才走到我身边。这是怎样的甜言蜜语啊，那一瞬间，狐狸感动地把脸扭向湖边……

她在33岁时遭遇了一场致命的车祸，从此改变人生轨迹。我也在差不多那个年龄由生育之痛而转入医学……我们都酷爱古老的炼金术，都酷爱仰望星空并坚信自己是最亮的那一颗，她说她是古老阿拉伯神话里被追杀的王子，我说我是被民众献给太阳祭拜的《山海经》里的女丑……我们都曾反反复复地死过，又反反复复地复活……

今生今世的牵手，不为相知，不为蠲除孤独，一定另有使命，在天崩地裂之时，我们的对视，我们的微笑，将安抚那些婴孩，我们是毕加索画笔下那些原始的粗壮的女人，有足够的胸膛和双臂，来盛纳你，来席卷你，来带走你……

我和她都是老灵魂，老到文明史前那个大巫的萨满时代。那时的女性如同传说中的西王母——豹尾、虎齿、蓬头、戴胜、善啸，司天之厉和五残。那时我们凶残、有力、威严，我们不是靠美貌和身材来取悦这个貌似理性而混沌的世界，我们靠威严和力量、惩戒和恩赐来统领这个世界，生杀大权只遵循宇宙法则，而不是遵从软弱无力的人性。

当西王母被匹配了丈夫，她的能量便被削弱，男人用虚假的奉承把她变成无用的美女，只是率领众宫女游历在蟠桃园中。她成为宴请众神仙的沙龙女主人，再也不能玩乐似的向世间的优秀男子施以拯救的、能量的恩宠……恐怕只有在十五的圆月里，她才能带着她的法器，变回瞬间的原形……

当我在几千年后的今天，与她重逢，我们爱意浓浓。她莎乐美似的蓬头，令我忆起那遗落在中原大地上的九尾狐……于是，月亮在满月的时候把那法器又赐还给我们，我们决定在复活的神殿之上重新接续我们以往的游戏和尊严……

我们不是通过"学习"而获得这一切的，我们所做的，只是回忆，并在回忆中一个个地拣取我们多世遗落的法器，重新来过而已。

在她的眼里，我是一个绽放的灵魂，既是世俗精英，又是精神贵族；既有朴实善良，又有四射的神性，我是她的天国大鱼、巫友、顽童、老灵魂、大巫、伊娜娜（美索不达米亚的大女神）。

一下子获得那么多名号，快乐得如同喝了雄黄酒，我，差点显了原形。

2. 活出你的女神

她说：每个女人，都是潜在的女神，女人的使命，就是活出你的女神。

她说：没有"神性"的人，没有魅力。吸引我们的不是人性，是神性。好人都具备了朴实、善良的人性，好人让我们感到安全可靠，但那不是神性。古希腊语，魅力意味着"神赐之物"。有魅力的人像是灿烂的恒星，有强大的凝聚力，让人们像行星一样围着恒星转。

没有痛苦的女神，只有痛苦的女人。女神，就是活得出神入化，上天入地、死去活来都幸福。

再次沉思人类从女神—女奴—女人，再回归女神的话题。每个阶段都痛苦，但痛苦的内涵和能量不同——女奴时代是女子就是物质、货品的时代，她们如同枷锁下的哑人，不能为自己的生命呐喊一声。女人时代是女子被物质荼毒、被男权规定的时代，她们煎熬在虚幻的贪婪和嗔怒中，她们践踏了神赋予的自由，自陷泥沼，不能飞升……

在男权文明的夹缝中，还曾活跃着"女权主义"，女权是针对男权的无奈的抗争，是傻女人僵硬笨拙又自以为是的表演，所争所抢的不过是男人不堪其扰的灾难，一切都要和男人一样，傻不傻呀你！还有一种就是以为对男人摧残蹂躏就是女权，这个更傻！你哪是阉割了男人啊，你是在阉割你自己的圆满！

| **女权** |　　只不过是对男权文明的以牙还牙，没有对男权文明的超越。所以最后把自己弄得很可怜，虽然活得很横，很瞧不起温顺的小女人，但又有点嫉妒小女人的无知和快乐。

一定不可以"以牙还牙"，一定要拓宽对自性的想象，一定要有所超越，女性的解放才充满意义。虽说如阵痛般痛苦，但一旦超越成功，就是醒澈，就是纯净，就重归创造之途。

女神时代是灵性时代，女人时代是物质时代。上古知其母，不知其父，故《说文解字》说圣人无父。母亲是灵性和感知的象征，父亲代表理性和意志，所以，是女神和无父之圣人创造了璀璨的文明。因此——历史是因感性灵性而创造，因理性和意志而保存和延续。

也许有人会问我，为什么要谈论这个话题？因为我看到众多女性的痛苦，她们生病的根源是因为她们始终没搞清楚自己的困境——有的人在以女奴的方式祈求生活，有的人在以女权的方式阉割生活，有的人在以女人的方式折磨生活，但诸多的痛苦不仅没有解决自我灵性的提升，反而拖累了肉身进入万劫不复之中。

为什么有那么多的甲亢、乳腺疾患、子宫肌瘤……为什么人们不扪心自问：我有爱的能力吗？我愿意分享吗？我是不是过于嗔怒而抱怨无穷？我是不是只想掠夺而不愿付出？我是不是太想取悦这个浑蛋的世界而牺牲了自我？女人是生命文化的主角，生育使她比男人更深地领悟生与死。《黄帝内经》所表现的长生观念及诸多生命的体悟与直觉，也可能是一种女性的直觉。

汉字和中医是至今仍然活着的中国文化，她们的感性特征（重视自然之象）与女性和自然的贴近密切相关。

她们柔软、童真，每当我沉浸其中，就仿佛融入丝绸般的绚丽、缭乱之中，然后，我狂野的灵魂就熨帖、舒展了。

女神时代，是让男人、女人都获得解放，是让人类回到纯真、唯美的儿童时代，无分别心，但不是无分辨力！是把"灵性"的解放放在首位，把"灵能"的运用放在首位，不再做物质的奴隶，不再掠夺，不再占有，不再卑躬屈膝，犹如被魔杖点醒，由垃圾、刍狗变成灿烂的灵魂的金属……

未来的人，有福了。在未来的时代里，他们都不再经历我们曾经历的痛苦。

第四章

神话·天地·历史

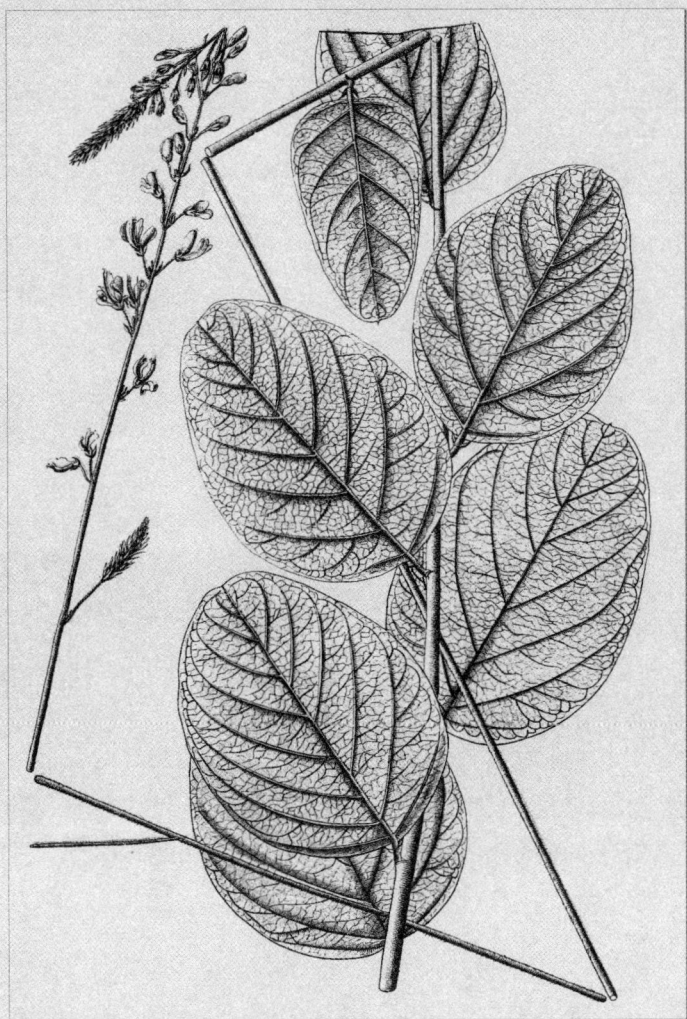

除却生与死对话的那种严峻的时刻，我们漫长人生之中更多地要去体验生死夹缝中的那一刻，只有在那一刻，我们的痛苦与抉择方能显示出我们人之为人的本色……

历史上改变了人类生活的三个半苹果是：1.亚当夏娃的苹果，人类彻底走出了乐园。2.特洛伊王子给维纳斯的金苹果，世界格局重新排过。3.砸在牛顿头上的苹果，经典物理诞生。4.乔布斯咬了一口的苹果，创造了信息时代的丰富多彩。

　　神啊！地球就是被你的子民咬得千疮百孔的大苹果吧！未来，还会给我们什么？

　　荣格说："神话的宗教本质，可以解释为某种医治人类总体的苦难和焦虑——饥饿、战争、疾病、衰老和死亡的精神治疗。"

　　世界通过神话而再生；神话又如良药，治愈了人类最初的痛。

一

希腊神话说什么

一天，三位女神找到一个俊美的王子，她们手持一个金苹果，让那王子选出其中最美丽的。宙斯的妻子赫拉说：如果你选择了我，我便赋予你无上的权力。智慧女神雅典娜说：如果你选择了我，我便赋予你最高的智慧。爱与美的女神维纳斯说：如果你选择了我，我便赋予你世上最美丽的女人。

● 战争真相

但那个王子是特洛伊人，他把金苹果给了维纳斯。维纳斯让他拐走了海伦。于是便有了西方历史上的特洛伊战争。

这场战争很怪异，一群不相干的国王拥着海伦的丈夫一起去攻打特洛伊，三位女神在天空中俯瞰，并各自带着自己的神界嫡系前去帮忙。当战争趋于尾声时，真相才显露出来——真正倒霉的是特洛伊妇女，她们将作为女奴、生育者远离家乡，为那些陌生的异族的男人去生育新人类。

这是异族通婚的开始，在一切血腥之下的，是人类持久的繁衍与生存。

最高的神，最高的道，是——生生不息。

| **战争** |　　春秋无义战。战争，无非是重新划定自己的统治区域，扩大自己种族的繁衍区域。"战"，用刀戈来占有土地；"争"，两手争夺绳索的样子，有相持不下的意味。

关于世界地域划分的最隐秘的说法，就是希腊的最高神明——宙斯不断地诱惑少女并奸淫了她们，然后在原配妻子赫拉的威逼下，把这些少女发配到各地，她们与宙斯的后裔就是那些领土上的君王。

这些女孩苦命，但肩负使命，她们怀着孩子，怀着隐秘的耻辱，背井离乡，成为荒芜之地的最初的唯一的女人及一切后来者的高祖……

当她们老了，是否美丽如故？

她们也许会告诉她们的孩子们，他们没有父亲，他们是她处女的一个梦幻化而成……她曾在梦里被闪电击倒在一棵树下，或被一场金雨淋湿了身体，然后珠胎暗结。

于是，人类就是一群人与神私生的孩子，因为一个可恶的霸道的女人（赫拉）和一个花心的父亲（宙斯），而不能进入籍册，他们只好去认领一棵树或一只鸟做自己的父亲。

就这样有了李、赵、王……而没有人姓……宙斯。

由于从母亲那里遗传了忧郁和常年不被父亲承认的焦虑，他们的眼睛越来越黑，他们的皮肤越来越黄……

中国女性特质：一切原始神话均表明，中国最初的女人们掌握了创造（女娲）、智慧（文殊菩萨）、慈悲（观世音菩萨）、背叛（嫦娥）和生死大权（西王母）。

西方的女性：是男人的附属者，《圣经》描述夏娃是男人的骨中骨、肉中肉；引诱男人吃了智慧树上的果实，带着男人离开伊甸园，成为人类痛苦的源泉。

潘多拉：希腊神话中众神创造的一个有着一切天赋的女人——雅典娜给予装饰、言语；爱神给予媚态——完美，同时又是人类麻烦的制造者。

据说智慧女神雅典娜是从她父亲宙斯的脑子里蹦出来的，所以智慧是个没娘的女孩子，是无中生有，是个处女。

● 变形记

我们理解的世界是我们所能理解的世界，而不是真正的世界。

世界源于"变形"。炼金术，就是把这一理念发展到登峰造极。

| **黄金时代** |　　那时"四季长春……土地不须耕种就生出了丰饶的五谷，田亩也不必轮息就长出一片白茫茫、沉甸甸的麦穗。溪中流的是乳汁和甘美的仙露，青葱的橡树上淌出黄蜡般的蜂蜜。"（奥维德《变形记》）

| **白银时代** |　　一年分为四季，开始有冷暖之无常。人类开始建

造房屋以避寒暑，五谷开始播种，雄牛开始耕犁。

　|　**黄铜时代**　|　　"日子更加困苦，可怕的兵灾日逐频繁，但是人们还虔信天神。"（奥维德《变形记》）

　|　**黑铁时代**　|　　所有的罪恶都已经爆发："人们不仅要求丰饶的土地交出应交的五谷和粮食，而且还深入大地的脏腑……人靠掠夺为生……丈夫想妻子快死，妻子想丈夫速亡；后母炮制了毒药行凶……敬、孝、忠、义吃了败仗，天神中最小的神——正义女神也离开了染满血的人世。"（奥维德《变形记》）

于是，天神要毁灭这一轮人类，制造了滔天的洪水，"水底下有树林、城市和房舍……彷徨的飞鸟长久找不到落脚的地方"。然后，唯一剩下的一对对天神虔敬的男女"把地母的骨头——石头掷在地上，地上就重新长出人类。因为人类是石头做的了，所以我们能够吃苦耐劳"。是否还铁石心肠呢？！

为什么这一轮人类没从"黄金时代"开始呢？为什么我们好像直接进入了"黑铁时代"呢？是天神已经对人类绝望了，还是人类在恶习的惯性中刹不住车了？我们能否逆流而上，在反省与修习的路上，一路向上，直奔那神仙一样的"黄金时代"？

中国的孔子也曾仰慕过"大同"，那时"天下为公"，富足的生活让人们觉得一切私藏都没有意义，那就是中国的"黄金时代"吧。

二 中国故事说什么

故事是美好的，现实是残忍的。人世间就是一个大故事，又是个大现实。人类，就是怀揣着美好，走在现实中的一群人。

故事可以将信息、知识、场景和感情等因素压缩成一个记忆。

● 故事的核

故事的"核"往往与神话密切关联：嫦娥奔月——讲述女人的绝望和背叛。

| 嫦娥 | 中国历史上第一个离家出走的女人。她离开了追求荣耀和伟业的丈夫，选择了长生不死的孤独。这让中国男人有些愤懑，所以喜问天，不喜问月。唯有八月十五，萧瑟之中，把酒向她，低头还要

吃了那假月——月饼。是不是要把那背叛的女人吃回来？呵呵。

希腊神话——讲述如何由神的子嗣重新瓜分天下。

《奥德赛》——讲述一个男人的离去、重新开始、回归——新旧环境都如鱼得水。

《道德经》《红楼梦》《洛丽塔》——讲述姹女情结，讲述对少女的遐想。讲述世界最纯净的事物所带给人的残忍和悲凉。

《穆天子传》——有权势的女人（西王母）对青年才俊（君王）的占有和垂怜。

《骆驼祥子》《红与黑》——城市女青年诱惑乡下男青年的故事。

我爱神话，也爱传说和故事。因为它们是远古关于宇宙形成的想象和记忆，是因果的呼应，是一切痛苦的喜剧的表达。

| **织女与白蛇** | 一个是天女，一个是蛇精；一个善良，一个狡黠。她们都强烈地爱上凡人，于是一个被打回天庭，一个被镇在雷峰塔下。但她们最后都得到了拯救，不是被丈夫拯救，而是被她们的孩子。这，就是孩子于女人的意义。

而且这两个女子还有一个共性，就是她们都有姐妹，都有在关键的时候帮她们圆谎、帮她们打架、帮她们说情的人，这，也是姐妹对女人的意义吧。

| **孟姜女和祝英台** | 一个哭倒了长城，一个化成了蝴蝶；一个是男人一去不复返，一个是男人迟迟不表态。于是，她们只有一条自尽的死路，而且她们都没有姐妹，都没有孩子，都孤苦伶仃，这样的人才敢死吧，而且一死到底，不奢望一丝一毫的拯救。

| **四大美女** | 和亲不过是把女人当作苟安的城堡，然后美之名曰"沉鱼落雁""闭月羞花"。西施牺牲自己，做了潜伏的"沉鱼"；王

昭君为了国家利益，做了愤怒的"落雁"；美貂蝉出卖自己，只得"闭月"；杨玉环醉了自己，长恨"羞花"……这样还不够，最后世俗的社会还要耍弄一番这群傻妞妞，把她们变成一道道可以共享的菜，名曰：西施舌、貂蝉豆腐、贵妃鸡、昭君鸭。

美女哟，你造了什么孽啊？

● 山海经

《山海经·大荒东经》：东海之外，甘水之间，有羲和之国。有女子名曰羲和，方浴日于甘渊。羲和者，帝俊之妻，是生十日。

羲和，这了不起的女人，她生了十个太阳，并每天用甜蜜的水给这十个太阳洗澡。在这温源谷中还有一株巨大的扶桑木，它的树干有300里，其叶如芥，十个太阳的精灵就栖息在树中，"九日居下枝，一日居上枝"，他们轮流地飞升出去，"一日方至，一日方出"。

可是有一天，他们十兄弟一起出去了，于是便有了"后羿射日"的故事。羲和啊羲和，温源谷的水从此变苦，你的绝望和悲痛一定会把你化成石头……

在母系时代，女性并不畏惧男人的阳刚，她们以母亲的姿态沐浴着这些太阳。

到了父系文明，男人则强调其统治的唯一性，于是后羿出场，射掉九个太阳，只剩一个在天上飘荡。

而月亮如同女人，还保持着她们最初的姿态，一月月地娇柔地出来，然后再娇柔地隐没在黑夜中。

《山海经·大荒西经》：帝俊妻常羲，生月十二，此始浴之。

帝俊真是幸福的男子，一个老婆生了 10 个太阳，一个老婆生了 12 个月亮。

曾经有那么个女人（嫦娥），因为无法忍受丈夫的冷落，而偷吃了一位贵妇给她丈夫的"长生不老药"。于是她飞上天界，并每天夜晚都守候着无眠……

她丈夫的工作就是拿着弓箭去射太阳，当太阳落下时，他发现妻子已在天上。

七仙女也走了，留下了牛郎。

大女神女娲炼五彩石去补了天，而伏羲留在人间，钻木取火，并发明了八卦，为人间重建了秩序。

好女人来自天界，好男人土生土长，最后还得各归其位。

就这样，女人们以其飞升的灵动表明了态度：人间是男人的乐土和苦境，他们游走世间，他们的理想是女人，而女人的理想是天空……

据说女人阴重，所以溺死时是趴着的形态；男人阳重，溺死时仰着。一个向下看，一个向上看。一个仰望星空，一个垂怜下苍。

一切神灵，最初都是咬噬自己内心的毒蛇。直到有一天，西方的他们在两翼生出翅膀，中国的他们生出利爪和鳞甲。翅膀是自由，利爪是权力。这，也是东西方文明差异之所在。

自由，是没有毒的能量，她纯净、美丽，有盘旋上升的态势，在地心引力之外。

利爪是权力，鳞甲是自我保护，这到底是一种什么样的文化，是心灵强大，还是心灵极度敏感脆弱呢？

如同"超越"二字，在刀口上跑，在斧钺上跑……因为快，因为无法想象，所以……超越。

飞吧飞吧，

永恒之女性，引导我们前行。

● 东方女神

| **女娲** | 洪荒中的第一个女人。她在孤寂中抟土造人，她把温柔的呼吸给了她的子民，在天崩地裂的时候，又炼五彩石去补了天。她完整地奉献了自己、牺牲了自己，成就了中国人对女人的最佳褒奖。

更多的传说中，她人首蛇身，是伏羲的妹妹，他们两个，本是一个葫芦里相对的阴阳，是洪水滔天后唯独幸存的男女。他们为了繁荣大地，不惜犯了血缘亲的罪。但有一个细节，女娲在承载天意的最后一瞬间，用一个蒲扇遮住了自己的脸……

为什么总是女人先来启动那灵智的羞耻心？无论女娲，还是夏娃，她们都成为最早吃掉智慧树上的果子的人，跟那被逐出乐园的夏娃不同的是，女娲自己创造了个乐园，而且她的一切行为，都充满了觉知和自救的意识。

那遮羞的蒲扇，在后来女人的历史长河里，演变为结婚时不可或缺的"红盖头"，和中世纪社交场合上的香绢和扇子，以及现代化装舞会上的面具。这些东西下面，都掩盖着人类对原始乱伦的恐惧、混沌的野心以及对人类终极隐秘的刺探。

| **精卫** | "炎帝之少女游于东海，溺而不返，常衔西山之木石，以堙与东海。"精卫，又称"帝女雀"，为少女之精魂，在落入东海的瞬间，

其精魂变为青鸟，她贞烈、顽强、任性，恨比天高，这只小小鸟，要用一粒粒小石子来填平大海……每次在海边踩到那些沙砾，我都会为这个小姑娘感到心痛。

小女神，就该有这份任性与顽强吧。

| **女丑** | 　《山海经》里一个反复出现的女巫形象，因为祈雨不利，而被愤怒的民众献给了不落的太阳，在被酷烈的太阳灼杀的时候，她用巨蟹一样的大手遮住了自己青春的脸庞……没人知晓她是在哭泣还是在欢笑，太阳是她秘密的情郎啊，她怎能为完成民众的使命，而用乌云和大雨遮蔽了阳光……

> 把我献给他吧
>
> 我曾飞舞翩翩之青衣
>
> 在他的光芒里飞翔
>
> 我曾在每个夜晚祈求他的荣耀
>
> 如若不能做他御座前粉红的飞霞
>
> 我宁愿被他的烈焰烧灼
>
> 犹如乌金在卷边的云上
>
> 无人知会　青袂掩盖下的狂喜
>
> 因为无论生死　都只为和你相会

从《山海经》里第一次看到她时，我就知道，那是我漫长生命中的某一次死亡。我并不在意民众的背叛和抛弃，我只想再次穿上那长长的青衣，在荒原的高台之上，为他，为太阳，再跳一次舞，我已经为他死过一次，我不在意再为他死一回。

| **西王母** | 《山海经》里记载她——豹尾，虎齿，而善啸，蓬头戴胜，是司天之厉及五残。这种女人形象真是超乎想象，绝非后世女人的那种曼妙和玲珑，而是充满了力量感和暴力。这个蓬头戴胜的女子俨然是位大祭司、大女神，掌管着天之瘟疫，以及残暴的惩罚……

那时，男人臣服在她的脚下吧，她曾招幸过后羿、穆天子、赵简子、汉武帝等青年才俊，让他们享受了一天天庭的奢华。后来的男权文明没有能力接受她，于是把她改头换面，在以后的传说里，她成了玉皇大帝的妻子，掌管着人之寿限、长生不死之药和众仙的蟠桃宴。

在最原始的记载里，她算得上历史上第一个化妆的女子吧，不是媚俗的取悦的妆，而是力量和威严的妆，朋克式的头发，腰上缠着豹尾，嘴里镶着虎齿，时不时地啸震天地……后来她又是第一个被整容了的女子吧，富态，而且凤冠霞帔，身后跟随着七个仙女，妈妈总是把好男人招上天界，女儿们却想着私奔人间，那最小的，终于成功，虽被愤怒的母亲惩罚，但成就了多少梦想……

奇怪，中国的象棋里没有女王，在中国，女王是遭人厌恶的吕后、武则天、慈禧，她们在中国人的道德之眼中充满缺陷，吕雉的残暴、武曌的无情、慈禧的无能，通通让人诟病，但事实上，她们并不比某些男性的君王更无能、更误国。

| **中国象棋** | 有将，是孤王，且不能出宫；有二士，像两个太监，不能走直线；二相，在两边躲闪，走田字格，且不能过河；车、马、炮必须按规矩攻城略地，但命运多舛；唯有士卒，虽然格局不大，只进不退，却还有自由……红属火，黑属水，千百年来，红黑大战，一散一收，国之疆土，涂炭无数。

| **格局** | 格，是界限，是阻隔，又是跨越。局，从"尸"，指身体的陈列。"句"为弯曲。所以把身体摆出个样子叫"布局"。由此，"局"是自由、随意，"格局"是对这个自由随意的界定。做人，全看格局，以及你对界限的理解，大格局有大界限，小格局有小界限。

一个东方女人，一个不是由亚当多余的肋骨造成的夏娃，一个有着土色的肌肤、淡眉、凤目、黑绵绵的头发，骨骼纤小而又结实的东方女人；一个会写古老的象形文字的东方女人；一个把东方智慧和古老的迷信混为一谈、善于掩饰或夸张自己热烈情怀的东方女人；一个又机灵又笨拙的女人，一个牺牲品，一个强者，一个精灵。

在远古时代，我的名字叫女娲、女丑、西王母，后来我叫虞姬、吕雉、武曌、李清照、李香君、潘金莲、林黛玉，现在我叫莉、丹、红、亚男、静……女人，就这么渐渐地着陆，渐渐地没了诗意，没了文采，渐渐地遗忘了飞升。

三

流年岁月

◇

中西文化，一个是"十字架"，一个是"太极图"。一个是扩张的非此即彼的外散；一个是含蓄的可有可无的圆融。选择谁，就选择了一种生活，一种灵魂，一种文字，一种让生命轮回的方式。

凡夜间绽放的，都得面对星空；凡面对星空的，都只是存在，而非主人。

● 天象 · 2012

《易传·系辞传》："法象，莫大乎天地；变通，莫大乎四时。"

曲曰：法象不过日月；变通不过春秋。

天地之间最显而易见的阴阳之象就是太阳和月亮了，在远古的神话中，天上有十个太阳和十二个月亮。十代表圆，十二代表方，这是古代"天圆地方"一说的正解。古人绝没有傻到认为"地"就是方方正正的东西，"天圆地方"也是取象比类，"天圆"用来比喻阳，"地方"用来比喻阴而已。加之昼日夜月，故太阳为最大的阳，为"太阳"；月亮为"太阴"。

原本十个太阳是一天出来一个，有一天这十个却一起蹦出来了，于是有了后羿射日的传说。其实这只是对远古大旱时期的神话解释，但一个太阳的事实也为中国后来的君主唯一性观念铺垫了理由，而十二月的说法却沿袭至今。这可否理解为男权文明的专断与女权文明的包容的不同？

| **嫦娥、婵娟** |　　"羿请不死之药于西王母，嫦娥窃以奔月。"月亮一次次被吞噬，又一次次被吐出，从天狗的嘴中。这无非是在演示生命最重要的存在方式——死而复生。蝉，蜕皮而复生，蛾，复生而为蝶，所以婵娟、嫦娥这些名字不过都是在喻示着月亮的"死而复生"之意。其使用女字旁，是比喻"月"之感性、曼妙。

无论十阳十二阴，还是一阳十二阴，阳比阴少无非是在暗示我们阴阳的比量问题，阴和阳绝不是等量的概念，而是十二个阴必须配备十个阳或一个阳才算适宜。或"参天两地"，为黄金分割。

但明"阴""阳"并不是中国人的终极目的，而是要明"乾德"和"坤德"，参透阴阳的德性与作用，并让这种德性指导我们人类的创造，才是终极。

| **曲解词语·乾德** |　　自强不息。天有好生之德。原本宇宙可以一片荒芜，但老天也有好生之德，它也要人类脆弱而又坚韧的理解和想象，所以，繁复的宇宙里诞生了地球，诞生了地球上的能思考、会表达的倮虫——我们。也许宇宙还有更高的智慧，但我们对它的解读，也能算作它的一份荣光吧。

| **曲解词语·坤德** | 厚德载物。所谓"厚"，言其足，精足者才能承载、生发万物。为什么我们的星球如此繁盛，而别的星球一片荒芜？是因为这个星球的"坤德"独厚，而且能和"天"、能和"乾德"发生感应。所以，也只有这个星球如此看重"爱情"……

| **星宿** | 最初的"天文"肯定是无序的。如烟火，照亮了夜的天空。

在"天当被，地当床"的远古时代，也许有个患失眠症的人晚上睡不着，只好仰望星空和明月。在他诗意的心里，他把那明月想象成一个美丽的姑娘，而星空就是她黑裙上缀连的明铛或花朵。可是有一天他忽然想到，这时候太阳在哪里休息（宿）呢？中国的老祖宗真是了不得，谁也不知道他是怎么弄明白了月光是太阳的反光，还是他只是单纯地知道一个姑娘对面一定有个小伙儿，一个"阴"对面一定是个"阳"……

于是，"天文"在这一瞬间绽放了，明晰了，有意义了——每天夜晚，月亮背后星星的位置都有变化，大约 28 天后又回到原来的位置，于是，他根据星星的样子给它们起了不同的名字，而总归于"二十八星宿"，"宿"就是休息的地方，"星宿"就是月亮（她的对面就是太阳）休息的地方。后人再把二十八星宿按四方归类，每一方有 7 个星宿，依据它们的样子画出来，就是东方青龙，西方白虎，南方朱雀，北方玄武。

世界，肯定不是忙忙碌碌的人创造的，一定是"闲人"创造的。唯有闲人，唯有闲情，才可以仰望星空。不为果腹、利禄而忙碌的人，才可以在晒太阳的时候发现日晷，并一分一秒地来享受时空，享受清冽的空气和雨丝绵绵，并由此创制历法和节气，为那些过着蚂蚁般忙碌生活的人指导方向……（我始终认为，节气啊、历法啊，都是一个乞丐似的人物靠着土墙晒太阳时，发现了打狗棍在墙上的影子，没事就一笔笔地画，画的年代久了，就知道哪天刮罡风，哪天刮婴儿风，哪天下雨，哪天下雪了。而大多数人则愁苦地面朝黄土背朝天，最后只得听"闲人"来安排播种和收割。）

| **青龙** | 如同穿越黑暗的闪电，他青铜一样地盘旋，撕裂了天幕的黑暗，曲折地游走，在结束的一瞬间，与大地的枯枝激越牵手，将上天隐秘的火焰，引向广袤、沉寂的荒原……

| **朱雀** | 一只不可名状的奇异的红鸟，一次无知的令人眩晕的绽放，就这样被定格在一个民族的原始记忆中……姑且叫她凤凰吧，有着夏天般的热烈和盲目，有着音乐般的辉煌与铿锵，拖着闪烁的珍珠般的羽翼，她以她无畏的飞翔，告诉了我们童贞的力量。

| **白虎** | 优雅、孤独而残忍的精灵，从不轻言饶恕与宽容，除了吞噬，还是吞噬，绝不留一丝渣滓，然后，他凝视着干净的寰宇，那双眼，睿智、明亮，如同说不出名字的……金属。

| **玄武** | 乌龟与蛇盘绕在一起，悄无声息，但一切阴性的力量，正冷静而准确地沉潜，向着无法认知的生命的深处……在他们的丹田，含着碧绿的永生的玉晗，等待着……没有爱情的重生。

古人曾把天上的繁星尊为"神"。既尊之为"神"，你就有敬畏、就有幻想、就有升天而与之相合的愿望……而现在的人，把星空如此物质化，不仅扼杀了我们的梦幻，更扼杀了我们的未来。

神对人的惩罚，就是永恒的重复。比如太阳每天都照常升起，比如月亮里的月桂树总是砍而复生，月亮也一次次地被吞噬，又一次次地被吐出，从天狗的嘴中。这一切，无非是在演示生命最重要的存在方式——死而复生，或者叫"轮回"。

人类的历史是有周期性变化的，这种变化与天象有着某种神秘的联系。集体性的癫狂就是战争，集体性的爱就是和平，在宇宙法则里，二者同样可笑。但在世间法则里，我选择后者。

比如2012年，星相学家认为，目前正是水瓶座替换双鱼座的时期，如此的星际大转换要求我们，必须有足够的心理准备和能量去凝视血腥……而玛雅人认为2012年左右将是"第5太阳纪"的开始；并且，在每一纪结束时，都会在我们生存的家园上演一出惊心动魄的毁灭悲剧。

可是中国人对未来显然要乐观得多，因为任何终结都意味着一个新的开始——一个火象的"离"卦正喷薄欲出，这是一个充满活力和热情的女性形象，她带给我们的将是文化的昌明与鼎盛，喜好沉思和修为的中国人将迎来一个伟大的时代，将再次超越物质的樊笼，走向灵性的辉煌……

我相信，2012年后，星空将再次如礼花般绽放，点亮我们对未来的所有梦想。

天象已经太古，人类已经太老，我们已经不断地把她物化、神话、再物化、再神话……所以，我们必须给自己的唤醒和觉悟规定个时间，否则我们会继续沉睡。人生短促，那就把2012年当作一个风向标吧，在那以后的未来里，不仅要重新唤醒天象，也要唤醒人类的沧桑……

● 图腾

世界在很大程度上依赖于我们怎样去看，或用什么工具去看。用肉眼看，世界是繁复的大千；用显微镜看，世界是分子细胞结构；用心和量子显微镜看，世界是空。

但中国人不这么看。他把世界的形成看成是一个巨人的牺牲：（盘古）气成风云，声为雷霆，左眼为日，右眼为月，四肢五体为四极五岳，血液为江河，筋脉为地理，肌肉为田土，发髭为星辰，皮毛为草木，齿骨为珠玉，汗流为雨泽，身之诸虫，因风所感，化为黎氓。（《五运历年纪》）

人与宇宙万物原本就有着一种深刻的联系，二者共同生成，同形、同构，宇宙同人类一样，有呼吸，有成长，有兴盛及衰败。

| **图腾** |　那些龙、那些凤，到底是远古部族杀死的动物，还是他们驯服的动物，是他们从肉体上恐惧的动物，还是从精神上认领的动物？这些问题始终迷惑着我，让我凝视着那条飞腾的龙的眼睛，渐渐模糊……

图腾是一种原始的集体的感性记忆。所谓原始，是人还不能抛弃自己和动物的那份神秘的内在联系，是人能在狼或其他动物的眼睛里照见自己，它们也恐惧，也哀伤，而且会传染这种恐惧和哀伤。所谓集体的感性记忆，是原始人在没有语言文字的情况下，也能像动物那样靠血脉来传承恐惧等。

所谓传统，是与记忆，尤其是与"集体记忆"紧密相连的，是一种组织化的集体记忆。

集体记忆的"守护者"，就是远古的巫医、巫师、宗教专职人员、部落的老人们……他们不是那种靠学习而成名的专家，他们是一群拥有"神秘天赋"的人，而且其中绝大部分不能与外人交流。总之，构成守护者的首要特性是在传统秩序中的"地位"，而非"能力"。

守护者和现代专家尽管都是社会中具有权威的人物，是人们的求助对象，但守护者以一种更完整的方式依赖于象征和某种特权，通常，他们被称为"圣人"。

中国的龙图腾，最初的原型是"蛇"。关于人类的始祖，西方有亚当、夏娃，中国有伏羲、女娲。在这两则神话中，都有一种重要的不可忽略的东西——蛇。伏羲、女娲人首蛇身。夏娃在蛇的诱惑下与亚当吞食了智慧之果，由此便认出两者之间的差别，羞耻感的诞生即是文明之开始，于是他们被逐出乐园。

我们是失去乐园的一群人，失却了乐园的我们，再也没有了初始般的混沌，男人看到了身边的女人跟他的不同，女人也看到了男人跟她的不同，可是他们还必须携手，并携带着众多的生灵，跟他们开始一场永恒的出走……

从此以后，我们必须和世上所有的生灵和平共处，因为我们都是乐园外的被遗弃者，我们息息相通，要共同经营这个地球……我们的"灵"和他们的"灵"早已融为一体，那图腾如一面被历史扯碎的旗帜，当我们在风中守候着她时，她也始终顽强地捍卫着我们……

● 仪式

| **仪式** | 旨在使人脱离以往的生存阶段，而把心理能量转入下一个阶段。人体生理的转变时期，如受孕、怀孕、生产、春机发动、结婚、死亡等，皆是神话仪式与信仰的核心。

仪式的意义在于让这一瞬间的感动成为一种永恒记忆。最好能如同文身，痛并快乐着，在肉体上做出标记。所以，犹太人和黑人有割礼，

中国人喜欢在头上做功夫，如冠礼……古人通过"加三冠、三易礼服、饮醴、受新名、以成人资格见长辈"等仪式，使青年完成精神上的蜕变。

几乎各民族都有下列三种习俗：一是他们都有某种宗教；二是他们都举行隆重的结婚仪式；三是都埋葬死者。

其中宗教关涉我们的灵魂，并使我们易于失去控制的自由，由于敬畏而归顺于职责。

结婚仪式关系到对我们人类本性的约束和重构。

而埋葬死者则与人类关于灵魂不朽的观念相关，它如同契约，将人类的过去与未来相连。

一定有一种共同的心理基础支配了一切民族，促使他们以最虔诚的态度去遵守这三种制度。这些仪式是人类区别于野兽的标志，而对这些仪式的继承与保存，并将之视为传统，则免使世界重回野兽般的野蛮状态。

仪式1：

| **受孕** |　　远古的女人把它视为天地神明的恩赐与垂怜。在胎动的那一刻，在梦熊梦龙而惊醒的那一刻，女人的心也怦然而动，她会因为一个小小神明的入住而蒙受天恩，而仪态万方。

仪式2：

| **生产** |　　和着汗水，和着泪水，和着血水，在肉身被撕裂的同时，一个女人和一个婴儿同时新生。这是女人和上帝的一次灵魂出窍般的秘密对话，他者无法介入其中……

仪式3：

| **成年礼** |　　无论是犹太人惨痛而骄傲的"割礼"，还是中国人温文尔雅的"冠礼"，都是要让年轻人在刺痛或突然被尊重的关注下猛然

醒悟——从这一刻起，他不再是局外人，而是已经加入一个貌似文明实质残忍的成人游戏中，他必须按照普世准则来努力，来就范，或谋求荣誉，或谋求越狱，或死里逃生。

如果说小学、中学都是在教孩子规矩，以约束和修正他们随意疯长的个人意志，那么大学就是要重新放开这种约束，而让他们通过自省来重新塑造自己。哪怕痛苦，哪怕漫长，也要放手让他们自己去走路。如果没人去鼓励年轻人这种精神的飞跃与成长，如果我们不把判断真伪的法器交给他们，我们和他们的未来都黯淡无光。

如果说我们原先告诉他们的是一个虚假的、编造的或我们假想的渴望的现实，那么，在他们年轻的时候，在他们还有着足够的旺盛的精力的时候，让他们自己去看、去认领那真实，并用他们的热情和真诚去改变这个世界。而不是让他们在我们业已衰老的"混世哲学"熏陶下，也厚黑，也奴性，也无耻，也懦弱。

仪式4：

| **婚礼** |　　红盖头原本是女娲为了遮蔽乱伦的耻辱而用的蒲扇，后来便用来寓意婚姻的盲目。无论是那一天的誓言，还是那一刻的醉酒与欢腾的爆竹，不过都是在为我们漫长的未来打气，并昭告天下，两个陌生人从此要像风刮来的两粒种子，栽在同一个花盆里，生根发芽。

仪式5：

| **葬礼** |　　埋葬死者不过是在铺垫我们的未来之路。那高架在木堆之上的火葬，是为了灵魂更好地飞升；那深埋在地下，并为之打造了宫殿的，是为了让那肉身之鬼也享受现世的荣华。人们跌足哭泣、披麻戴孝，无非是让那尚未远离的魂灵感受到我们对他的热爱、留恋和追思。

多少年过去了，也许我们心灵对自然的感悟正在退化，也许我们又

要试图寻找一种方式，一种重新解放自己的方式；平静自己的方式，感受生命之喜悦的方式。我们重又在毫无意义的历史的奔跑中停下脚步，仰望灿烂的星空，我们静静地呼吸、放松，放松我们习惯战斗的臂膀，放松我们戒备的眼睛，放松我们疲惫的心灵……我们坐下，就这么坐着，等待着，刮了几千年的古老的风再次掠过我们的面颊，我们等待新生。

● 动物世界

夜幕降临了，对许多动物来说，它们自由自在的时刻来临了，它们在黑夜下捕食、搏斗和交配。夜幕降临，对人类本是休息的信号，但现在和未来，会有越来越多的人，在夜晚出动，捕食、游荡、窥视、上网、游戏、思索、舔伤……偶尔交配和生产。

灯光太亮了，人类的夜已如白昼。有人说如果晚上世界停电一小时，将造出更多人，使地球不堪重负。呵呵，大可不必有如此担心，因为已有太多的人在白昼和白昼般的夜里耗干了自己，想造娃也不容易啦，还是在黑暗中搂着你的女人、你的孩子讲故事吧，人类的进化和退化都需要温养啊。

在动物界，越是处在生物链顶端的动物，繁殖的能力越低，比如狮子，但它们掌握着控制权。所以古代的帝王称自己"寡人""孤""不谷"（指食肉者）……这些不过都是在描述统治者的尊严和特立独行。

在生物链底端的动物，必须靠大量的繁殖、圆融的精神、杂食的特性和捉迷藏的态度来保存自己，比如"小强"、老鼠……

而那顶端的精英，真的正在消亡。世界的新格局令人迷惑，是失控，还是由变异的种类建立新秩序？

唤醒了冬眠的动物，是大恶，因为你没有给它相应的生存环境。有了草以后，天地暖和了以后，有了足以养它的东西以后，冬眠的动物才能醒过来。如果没有，天寒地冻之时，你把冬眠的动物全给捅醒，它就是死路一条。

所以，这在教育上就是永远不可以"揠苗助长"。"揠苗助长"的恶果就是让它萎缩，就是让它死。

自然界中，雷神最高，因为他是循着阳气走的，春天阳气生发，春雷是天喜悦的笑声。而冬天打雷，就是阳气不收敛的表现，来年一定有灾疫，要么应在人身上，要么应在动物身上，所以民谚说："冬日打雷，十栏九空。"

古诗里也说，冬雷阵阵，夏雨雪，乃敢与君绝。现在老现冬雷，所以那种执着的爱情不复存在了。

自然的变化一定会影响人心。

自然界的公鸟一定要拼命长得特别好看才行，自然界的雄性都要漂亮才可以，为什么？为了好的遗传基因的传承，传宗接代，一定要选择最佳品种。

第一，身材匀称，表示气血阴阳平衡，气血不偏失，如"半身不遂"，气血就偏失了。

第二，皮毛锃亮，是肺气好，肺金生肾水，肺气足，肾气就足，肺气是肾气的上源。为什么"哮喘"难治呢？哮喘是既伤了肺，又伤了肾，所以"肾不纳气"，就哮喘了。肺肾都伤了，所以哮喘难治。

第三，歌声嘹亮，脾主歌，脾气特别足，就歌声嘹亮。

女人选男人，也该如是观。

动物界最好的一个法则就是弱肉强食。强大的会留下来，自然界遵循健康和优势原则。

由雌性来挑选雄性，雄性就必须强大，必须保持强大的战斗力……雌性静观其变，然后依从最强大的。

雄性是种，雌性是容器。好的种能在好的容器里生长壮大，是一件多么令人欣慰的事啊。

人类选择性伴侣越来越不本能，越来越物化，越来越弱化。真正雄性或雌性的人越来越少，现在崇尚中性之美。但这种中性美最好集中在颓唐的迷惘的青年，如果集中在肥胖的中年或老年，就是在吓唬人了……

| **纵欲** |　　把生命之膏耗尽的途径，把臭皮囊甩掉的方法。

有时候，痛苦比死亡还难受。死亡，可以使一切归于平复。

一只公鸡可以和五六只母鸡在一起，但不能和另一只公鸡在一起，在一起就掐，就斗。

听爱狗狗的人谈狗狗，他说：在狗狗的眼里没有富贵贫贱，只有你。养狗比养人好，它不会挑剔你，一回到家，它就欢喜地迎接你。它不记恨你，不算计你，你打了它，它也不记恨你，但它会记恨那打它的棍子，它只对那棍子吼……说着说着，他的眼圈就红了。

狗狗，你对人多么悲悯，多么真诚啊。

| **孔雀** |　　公的飞走了，只要母的在，它一定会回来。

人亦应如是。

| **重婚鸟** | 一旦它的第一个配偶坐在卵上被固定在巢里，雄性斑鹟就离开家开始它的重婚生活……甚至，它会有第三个家。

骗术不仅存在于捕食者和猎物之间，许多动物的生殖活动非常复杂，因而骗术可能是它们爱情生活中重要的组成部分。

| **豺** | 一生只恋爱一次，并与伴侣厮守一辈子。世界上的哺乳动物中，只有不到 3% 的动物物种具有这一美德。

| **蝎子** | 蝎子的尾部长有带毒的钩子，长期以来，一直被当作神秘、死亡和情欲的象征。它们不直接进行交配，而是雄蝎把精子排在地上，再传入母蝎的体中——咦？这，可以叫动物房中术吗？它们怕什么呢？怕那尾部的"毒"污染了那美丽的卵吗？

| **大象** | 大象的报警信号不是声音，而是寂静。

| **蜂鸟** | 蜂鸟是唯一能向后飞行的鸟类。噢，明白了，一旦踏上征途，我们只能向前，要想回去，必得"回头"。那回头与转向时的倾斜，会给我们的人生带来欢乐，还是痛楚？

| **黑熊** | 黑熊之所以能生存下来，要归功于它的胆怯。那我们攫取它们熊胆的意义又是什么呢？

| **蜻蜓** | 蜻蜓是地球上现存的最古老的一种有翅类昆虫。这类昆虫曾目睹了这个星球上恐龙的出现，目睹了山脉的上升，也目睹了人类的诞生。

它是"一道活着的闪光"。其交配的姿态在昆虫中独一无二——雄性紧紧抓住雌性头后部，雌性则必须弯曲它的身体，直到它们连接成交配环……它们的美是一种永恒。

动物所做的一切，就是在头脑中保留那些只为生存所必需的最基本的东西。而人类则不同，常常会忘掉最基本的东西，而收纳大量无用的信息，并以此来折磨和消耗自己。

● 人的历史

有一段时间，每晚在灯下读史。任何朝代的初创都像极了吗啡，而其结束都像极了狗屎。成者王侯败者贼，其实都差不多。历史是创造的，还是编造的？是一场悲剧，又是一场滑稽剧，你方唱罢我登场，乱糟糟、热闹闹，只是没有观众——每个人都深陷其中，在这场集体欲望盛宴的桌上，有的只是一张变幻的地图，那上面，青赤黄白黑……破旗招展，遍地血污，满目疮痍。

这婆娑世界，天道"无为"，不过春夏秋冬；地道"无为"，不过生长化收藏。只有人道"有为"，到处是自以为是，到处是过度干预，到处是劫掠烧杀，到处是焦虑及伪善……所以，一切惩罚，本该由强梁者、造孽者承担，但一个大雷劈下来，不可能不伤及无辜……

众生有共识，即有共业。所以，哪里又有无辜的人啊……

1. 历史无输赢

历史里多老人、多智者、多昏君、多逆贼、多谄客、多奸夫、多淫妇……但少孩童。即便有，也是奸诈妇人珠帘前的小傀儡，很少天真烂漫之童子、之少年。呜呼！一部老人史，一部阴谋史，一部暴君与昏君史、一部逆贼史、一部流水账，一部……那里边，充满了命运的轮回，充满了战栗，充满了血腥，充满了冷酷，充满了战战兢兢，充满了伤感和怨

165

怼……但就是缺少大梦初觉时的悔恨与勇猛，缺少青春的朝气和无知的狰狞，一切都是认命式的、无可奈何的原地踏步，把千古时光砸了个深坑，黑黢黢的，唯有少许烛光在风中游走、摇动。

讲历史的关键在于告知民众：在大的宇宙法则下没有所谓的输赢——"天地不仁，以万物为刍狗；圣人不仁，以百姓为刍狗。"明此，人类的一切"自以为是"和焦灼，不该淹没在一种不可言说的大悲凉中吗？！

仁，是世间法则；不仁，是宇宙法则。

老子太狠了，他在宇宙法则的立场上帮我们透视人生——刍狗连蚂蚁都比不上，蚂蚁尚有生命，刍狗只是草偶。呜呜。

成者王侯败者贼，历史不过是胜利者的伪饰。

古代帝王，有二人独契吾心，一是刘邦，其人为可爱的行为艺术家，其感性之敏锐、灵动，理性之缜密、出奇，皆令人叹为观止。另一位则是曹操，其文采、其情操、其谋略、其远瞻、其宏阔，无一不令人赞和爱。若女子，曹操嫁得，刘邦嫁不得。曹操有情有义，对女子也有尊有敬，故子孙文采、性格斐然。刘邦无情无义，才得吕雉等报。

| **史记** |　　开篇是《五帝本纪》，司马迁说中国文化的奠基是由这五位帝王造就的：黄帝、颛顼、帝喾、尧、舜。可他们之间是什么关系呢——黄帝的孙子是颛顼，重孙子是帝喾，尧又是帝喾的儿子，舜是黄帝之第八世孙。这还没完，殷商的高祖、周代的高祖通通是帝喾的后代，连孔子都跑不掉，他的高祖是商纣的哥哥，所以他也是黄帝的多少代孙。

黄帝娶西陵之女嫘祖为正妃，生二子青阳与昌意，昌意生子高阳，即颛顼（实为黄帝之孙）。颛顼崩，青阳之孙高辛立，即帝喾（实为黄帝之重孙）。帝喾有四妃，其子皆有天下，元妃姜嫄生后稷（周祖），次妃

简狄生契（殷祖），次妃庆都生帝尧，次妃常仪生帝挚。继帝喾位者为尧，继尧者为舜，舜表面上出身寒微，实际上，据司马迁推算，舜乃昌意之第七世孙，即黄帝之第八世孙。

即使是我喜欢的大史家司马迁也改写历史呢。第一，他让黄帝成为颛顼等四帝血缘上的先祖；第二，这是一个由一名男性统率的庞大帝国，有着无上的权威及无穷尽的对这种权威的继承。由此，政治、文化等诸多大事不过是黄帝家族的家事，偷梁换柱地把我们从伏羲、女娲的后裔变为黄帝的子孙，并彻底结束了原始巫文化的母权时代，而代之以父权时代。

由此，中国人是一个藤蔓上的瓜瓞啊，彼此还打什么架啊，都是自家人！

2. 疏离，是一种态度

都说"既来之，则安之"，但还是有"主人""客人""仆人"等分别。所以"守时守位"是中国人做人的关键，当主人要有主人的雍容，当客人要有客人的谦恭，当和尚一天要撞一天的钟……虽说"著相"，但"来了"就是"缘起"，来了做什么也是个"缘起"，要想不做"一个愚昧的好人"，活好此生，活好当下，正信正念是个关键。

其余就是个态度问题，玩乐也好，悲悯也罢，无论如何，要先起个"做自己主人"的信念，再保持着"客人"式的对世间的疏离，远离颠倒梦想，来了，安之；走了，不缠绵。学过没学过，参过没参过，皆是渡河的船筏，哪怕一字不识，堂堂正正一生，已然了得。

兴，百姓苦；亡，百姓苦。最恨那些起哄架秧子的看客了，巴不得世界大乱。别急，慢慢会来的，甄家不是已经抄了吗？贾家也快了。

吆喝可以尽情地吆喝，就是要提防恶人利用了我们的善良，而把罪行掩盖得更好。

记得小时候学过，国家是机器。所以"国家"一词与"祖国"不同。爱祖国是天性，就像虎豹爱那片山林，小鹿爱那片水泊，人，就该爱生你养你、祖祖辈辈耕耘稼穑的这块土地。

心是火，最惧怕冷漠。个体冷漠是反抗，而社会集体冷漠是"癌"。

决定不再关注负面的东西，那会使心灵变得沉重、窒息。即使有泪，也要在大雨瓢泼里流，不再让人知道我在哭。

药医不死病，佛度有缘人。世间的事，治得了病，救不了命。

行到水穷处，坐看云起时。万事有时、有运、有势。

第五章

人世间

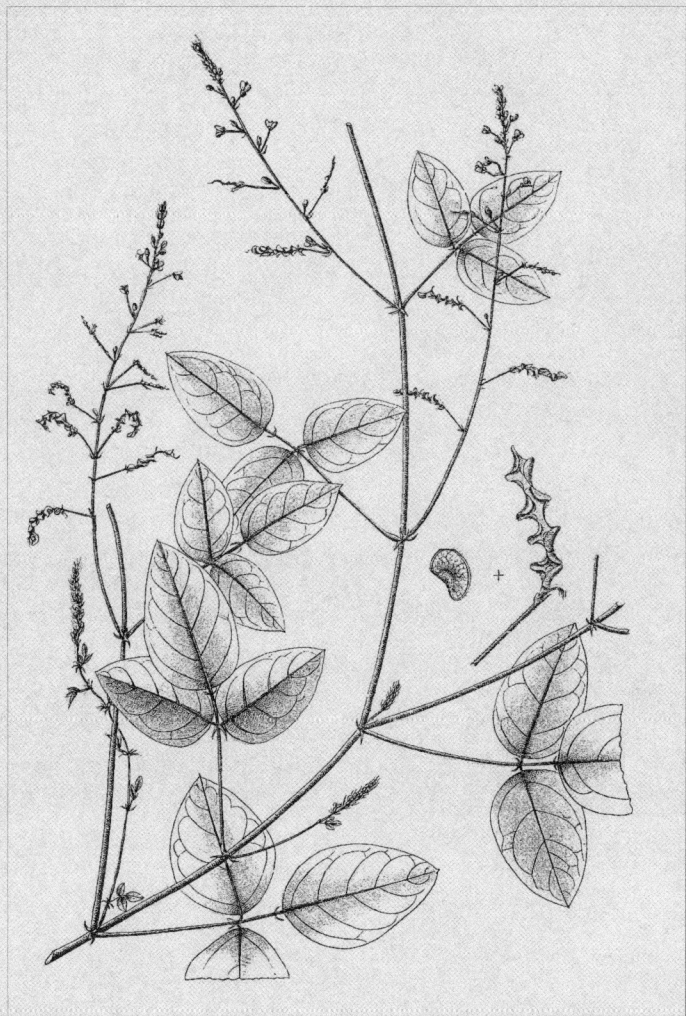

人生不过阴阳变化，岁月不过春夏秋冬。

所谓"人世间"，就是因因果果的重迭。

人可以不相信命运，但是一定要相信因果，因果是必定存在的。

天作孽，犹可活；人作孽，不可活。

所有的动物都警惕地活着，跟着"天"迁徙着；唯有人，胆大妄为，敢逆天而行，为所欲为。

《僧祇律》记载："一刹那者为一念，二十念为一瞬，二十瞬为一弹指，二十弹指为一罗预，二十罗预为一须臾，一日一夜有三十须臾。"

人这一辈子，刹那、刹那地……幻灭。

一

人这一辈子

◇

● 命运

命是先天，是上天的口令；运是后天，是道路。

奔驰车走山路，有命无运；拖拉机走山路，命得其运。

1. 君子知命不算命

| **命** | 是上天的口令，来去都是天意。

| **运** | 是时空的搬运、迁徙，需要成长和启动。

| **命运** | 命，是上天的口令，专为你而设；运，是搬运、迁徙，是你自己行走的方式。命不可变，运可以修。改变命运的方式很多：比如受教育、日行一善、个人努力、飒然而悟等。

人的一生，都努力在"趋吉避凶"，但阴影始终存在，胁迫着你的生活。

在中国，有时，"认命"也是一种觉悟。

古人云："一命二运三风水，四积阴德五读书。"

所谓"八字"，是指人在母腹里九窍闭，唯有一窍（脐带）与母亲相连，此时只有"命"（精子卵子之特性与先天之魂灵），而"运"不显；出生的一瞬间，一窍闭而为"神阙"（肚脐），而九窍开，这一瞬间的天地之气与婴儿的九窍形成的动态格局就是"八字"。

年的天地之气有两个字（一个天干，一个地支），月的天地之气有两个字，日的天地之气有两个字，时的天地之气有两个字，共八个字。这八个字又与每年每月每日每时的天干地支发生关联和影响，就构成了专属于你的某个神秘的"当下"。春风得意或沮丧悲观的都是你，所以明白了这个，你修"如如不动"就是了。

问：修"如如不动"之法就是坐禅吗？

曲曰：不全是。动如不动，不动如动，不管动与不动，大千世界都会自然浮现。人之于造化，渺如微尘……

人，对命运的最可悲的认知是：我是谁？我从哪里来？我到哪里去？

人，对命运理解的最大的无明，就是明明知道自己是葡萄，非要把自己变成苹果！

人们常说：要反抗命运。但也常感到：造化弄人。不是不能反抗，但反抗是有条件的，有前提的。第一，要先了解自己。比如有无抗压能力，有无牺牲自己或家人的能力。第二，是伺机而动，要跟上大环境、大时代。

关于命运，在希腊神话里，总写这样的故事：人预先知道了命运，比如那著名的俄狄浦斯王，预先知道了自己会杀父娶母，于是，采取了一系列的行动来逃避这可怕的命运，但是，就在他以为成功逃脱之时，先前的预言却一语成谶，他所有的逃跑原来都是把他引向了家乡，回到他自己亲生父母的地方！原来，你的一切逃跑，只不过是在不断地接近目标……这真让人绝望，同时感叹命运的强大——每个人都试图扼住命运的喉咙，但在真实的生活中，我们几乎都在被命运拖着走。

什么是悲剧？悲剧就是哪怕你事先知道了命运悲惨的结局，一路狂奔逃避之，但最终……还是命运操了胜券。所以面对命运，我是个深刻的悲观主义者。但为什么我们不能抱怨命运？经常有病人抱怨自己的父母，我说，怎么可以抱怨父母呢？他们就是你的命运啊，而我们真正要做的，就是沉浸在强大的命运中，去探寻：父母生我之前，我是谁？能发现、并认知了自己，就是对命运的超越。这，也许就是古希腊"悲剧"的伟大内涵。

万事万物有时、有运、有势。"时"是时机，有天时而运气未至，也难免落空；"运"是天时、地利、人和的和合，三者没和合时，运自然不动，运不启动，人也受困；"势"是势差，势差越大，能量越大，犹如瀑布。

君子知命，如同孔子"四十不惑"，即君子不立危墙之下。

孔子云："不知命无以为君子。"人是最复杂的系统，不可以简单。命理、中医都不可能简单。

正春风得意的人不算命，也就是说，人在身体好、运势强的时候，要风得风要雨得雨的时候，不会想到找高人算命。当人走霉运、心灵空虚、首鼠两端时，常喜欢拜庙、算命、风水等，其实这是他人体"精"不足的一种表象，精不足则善恐。所以，没事爱算命的人，他的身体和心灵都有点"虚"了。

知命和算命是两回事——知命是知时、运、势，算命是算蹇塞时。

知命者内心富足强大，愿意顺天应地，守得住一时破败；算命者内心虚慌，总想抗争偷天，留不住一枕黄粱。

现在有人到处追上师，而且越追心越乱。其实，只要你恐惧命运，命运就会恐吓你。真正的大师一定是不求任何回报的太阳般的温暖和照耀，他不要你战栗地祈求，也不跟你讨价还价，而是直指人心，告诉你生命的真相。

命运讲天时、地利、人和。

| **天时** | 指时代，如20世纪六七十年代的人讲究出身，无万元户，但有革命情怀。八九十年代，中国风云变幻，鱼龙争霸。

天不得时，无光；

地不得时，不荣；

人不得时，不旺；

蛟龙不得时，混于鱼虾。

时来天地皆同力，运去英雄不自由。（唐·罗隐）

| **地利** | 指地域，有中国、美国之不同；环境有城市、乡村之不同。"人法地"嘛，所以地利很重要。

| **人和** | 内涵很多，比如天赋，有情商、智商之分别；比如教育；比如生活内涵——没电视、计算机，人有情；有电视、计算机，人虚幻，情感缺失。

相信命理之说，从心理学角度说，其实是人们无意识中形成的一种心理防卫机制，即"合理化"，即人可以用命理之说来自我安慰。

人生活在无穷无尽的借口中，命运不济，是个最大、最无奈的借口。

过去说"死生有命，富贵在天。不与造化争权"。但人这一生的悲喜剧，就是对命运的抗争。

人这一生，最怕不过"盲人骑瞎马，半夜临深池"。所以要点亮心灯，照亮前程。

| **心灯** | 入世是阴阳之道。明阴阳之道，可以不恐怖，不焦灼。出世是《心经》，五蕴皆空，无盲人瞎马，无半夜深池，得大清净，大自在。

2. 简易·变易·不易

大道至简。世界其实简易到我们无法想象。可我们的所作所为，就是把它复杂化。世界其实从来都不变，时时刻刻变易的是我们和我们无明的心……

《易经》：一本经过四个圣人写作而成的书。伏羲画卦立象，天地由此而定；文王演六十四卦，天地人三才定矣；周公作爻辞，大意明矣；孔子作传，其义张矣。

在乾卦，同为阳爻，位置不同，作为就不同，所以说，"守时守位"是中国文化之大学问。

在潜龙，为微阳，能量不足，就不可轻举妄动，如童子。在现龙，则稍有积蓄了，可以有点自由了，但还得积累资粮，如大学生。在三爻，为人，故称"君子"，要勤奋努力，还要战战兢兢，如刚结婚之青年。四爻为渊龙，水大了，能量也足些了，但还要量力而行，知进退，如成功之壮年。五爻为飞龙，可以有所成就，并有能力造福于民、兴云布雨了。六爻为亢龙，过亢则属虚阳外越，于己是相当的危险。

人生不过阴阳变化，岁月不过春夏秋冬。

可以用《易经》来占卜，也可以用它来警世，更可以用它来怡性，来悟道。

|　**占卜**　|　　占是问，卜是烧灼龟背时的声音或裂痕。问天问地，问蓍草，问千年龟，也只能得其"半"，还须问自己，可人心又无常，所以……《易经》有象、有数、有理，读者还须各自读、各自悟，如饮琼浆，冷暖自知。

古代有龟占、蓍草占、枚占、风占等。其中，龟占蕴含着五行学说的发端，蓍草占蕴含天地人观念和中庸思想，枚占体现了原始的阴阳观念，风行于汉代的风占则涉及对"气"的认识的深化。总之，巫文化对于中国文化核心内涵的发端，有着不容忽视的意义。

|　**龟占**　|　　殷商时期宗教文化核心。立都安阳，以之为"中"，广问四方之行，因此蕴含五行文化的开端。龟甲之象与天地之象相应，天圆地方，龟背圆而龟腹方；天有天文，龟背有甲文；天有四柱，龟有四肢，所以古人以龟为沟通天地之神灵。卜，灼剥龟也，占，视龟卜之兆而问。因疑惑而问，求明。善哉！

|　**蓍草占**　|　　也称"易占"。源自西北周文、周公。周代殷，自然不用殷商之制。此法最能代表中国文化之高度、之九曲回肠、之忧思难忘、之深谋远虑，占法甚烦琐，也最详尽和广大。其中蕴含中国天地人三才文化。

《易传·说卦传》："以立天之道，曰阴与阳；立地之道，曰柔与刚；立人之道，曰仁与义。"

《易传·系辞传》："《易》无思也，无为也，寂然不动，感而遂通天下之故。"

蓍草无心，故无思；龟有心而无为。无思无为则寂然而静，如此而感、而应，遂通天地之变化神明。

| **贝茭占** | 　　如果说"龟占"代表厚重的中原文化，"蓍草占"代表优秀的西北文明，那么"贝茭占"则代表轻灵的南方文化。贝壳，负阴而抱阳，故将两个贝壳掷地后，便可端详其阴阳之道。南人四季劳作，无暇像北方人那样花费大量的时间来思忖一件事，所以取至简之道——一阴一阳，足矣。

所以，讲阴阳、讲至简、讲无中生有……亦是南人——老子。

| **风占** | 　　汉代最风靡的占卜方法。《黄帝内经》里有《九宫八风篇》，可复杂了，还得飞九宫。其实，"风"不过是"气"的另一种表达方式，它对人的影响，比以上几种要真实可靠得多。

风吹散万物，并把种子吹向四面八方。故《易传·说卦传》曰："动万物者莫疾乎雷，挠万物者莫疾乎风。"有雷之阳气发动，有风之轻飏鼓荡，万物胡不生？！

改变命运需要两种精神：一是革命精神，要有勇气放弃旧事物，并有能力接受新事物。二是超越，如果没有精神上的对"革命"概念的超越，那么那场"革命"也不过是低水平的重复。

| **曲解词语·革命** | 　　"革"是反复锤炼蹂躏，所以"革命"是个凶险的词，是要付出巨大代价的一种行为。对生命而言，维持秩序比大动干戈要安全保险得多。破坏了生命的自足，是一件残忍而不负责任的行为。

| **曲解词语·超越** | 　　也是个凶险的词，"走"是跑，"超"是在刀口上跑，"越"是在斧钺上跑，都是玩命的事，唯有胆大心细、训练有素的人才可以绝处逢生。脚踏实地没啥了不起，脚踏刀口才牛啊。所以

生命的超越亦如是，要心无旁骛，要仰望星空，历尽艰险，方能百炼成钢。

在大的宇宙法则之下，无"革命"，也无"超越"，只有"闹腾"。但在人的精神法则里，针对自我，要时刻有"革命"和"超越"精神。比如，"革"自私的命，"革"无知的命，"革"贪婪的命。要超越自我，超越集体无意识等。

呜呼！知我者谓我心忧，不知我者谓我何求！

其受生之时，已有定分，定分就是元气。

于"我"而言，与外界有四种联系：我生、生我、我克、克我。在家庭中，我生者为子女，生我者为父母，我克者为兄弟，克我者为夫妻。

"我"如中央之神，而四方亦是"我"之神。

父母"做牛做马"，即父亲如马，刚烈健运；母亲如牛，忍辱负重。

父母"望子成龙"之意是：长子为震为龙，长女为巽为鸡（凤），就是对长子长女要求严格，盼长子长女为龙凤。次子为坎为猪，事情都由大哥大姐做了，他就偏于懒惰。次女为离为雉（野鸡），喜欢打扮漂亮。三男为艮为狗，是父母的宠物。三女为泽为羊，温顺乖巧。

为什么有长子继承权的问题：从出生的角度看，长子是开路先锋，受的磨难最多，意志力也因此而最坚定。其实，能守住家业的不见得是聪明的，有时反被聪明误，而耐心和稳定才是守住家业的秘诀。

唉，现在世上就不缺聪明人，也不缺会念书的人，到处是博士、硕士。可成功的人一定是意志力坚定的人。

性情先天部分与遗传和出生月份有关，后天与环境和教养有关。受生之时，生克亦定。

春天五行为风木，显慈悲仁义之性，此时出生的人理性与激情之间的平衡感强，可以"动如脱兔，静如处子"，宽容大气，但有时也多愁善感。

母亲在夏天生产的，出生的一瞬间，婴儿九窍与天地之气相交通，夏天宣散，脏腑也如是，夏天又应在心，心在志为喜，孩子性格就会较开朗、喜悦。

夏天五行为火，有文艺歌舞之象，激情有余，理性不强，善"嗔"，容易被激惹。可以多用水性的事物来平抑自我。

秋天五行为金，属杀气、刚勇、拘谨。此时出生的人生性偏严谨，不苟言笑，深思多虑，有的人行为雷厉风行。

冬天生产，生机不旺，五行为水。冬日应在五脏为肾，肾在志为恐，此时出生的孩子易受情绪影响，是性情中人，喜悦亦缓，有骨子里的孤独感。生性自由，智慧，不喜约束，但又不好斗，有随遇而安之性。宜与火性的人交往，以带动激情。

人的八字里金木水火土各有偏性，加上后天的影响，所以人人不同。

3. 十二生肖

生肖，是跟随每一个中国人一生不变的生命符号之一。

动物关系学是人学的反映。别从迷信的角度去学习，懂得了动物属相的生克冲合，要反求诸己，因为人是善于学习的动物，人也是能改变自我的动物。

生肖文化是民俗，既是民俗，就有其存在意义。

中国文化 30 年为一世，所以一般父子相传为"一世"。12 年为一轮，轮，犹轮回。其实就人的一生而言，每隔 12 年似乎都是一次人生超越。

如果依据 60 甲子而论人生，则每隔 12 年的 5 个 12 年便是人的社会周期。

第一个 12 年应为人的游戏周期，而游戏是无须承担责任的。

12 ～ 24 岁为人的模拟周期，开始模拟未来成人的生活，是在教育和逆反中形成明晰自我的时期，这一时期美丽而痛苦。

24 ～ 36 岁为人的实验周期，人开始走向社会，并开始实验先前学到和感悟的一切，开始锻造自己，学习向规则社会妥协。

36 ～ 48 岁为人的应用周期，人开始进入不惑之年，也就是理智之年，所谓"应用周期"就是这一时期"应用"大于"学习"，人开始为自我做主。

最后一个 12 年（48 ～ 60 岁）为人的智慧增长周期。

| 属相跟婚姻有关吗？ |

古代婚前必须合婚，因为民间关于属相有合、刑、冲等说法，唯合是从，唯克是禁。婚姻是要长久的，所以以"合"为要点，一般说来，合则成，成则久，但还要看具体情况而定。生意就是人走茶凉。婚姻在性格、价值观、人生观方面相合最好，才能稳定和长远。

有人问：两个人八字合不合真的有关系吗？

曲曰：关键看是给你添了烦恼，还是治愈了你人生的痛？

中国命理学里有几个非常有趣的说法，比如有"三合局""六合局"；有"六冲"和"六害"。大家一听名就明白了，"合"肯定是好，是生命中积极的层面；"冲、害"肯定是不好和消极的层面。其实，这无非是在告诉你生活是立体的——你站的位置，当别人也想站时，你们就难免冲撞。你站的位置，与另外两人正好形成等边三角时，就形成了一个和谐的局、稳定的局，想不好都不成……

所以，也不是谁想设就设得了的"迷局"，一切不过是生活本身的多样性和丰富性而已，全看你如何"看"，以及你如何把握，如果你能，就一定能变消极为积极。大不了，还可以"退一步海阔天空"。

属相是取模拟象的方法。动物有本性，有德行，家族要靠德行来保护和延续。

研究天是为了人，了解动物性情，是为了利用这些性情。

不懂得自然规律就胡来，不懂得畏惧就猖狂，不懂得情感就失败，没有本事就无法生存。

属相与人：大家对这个肯定感兴趣。但要牢记，这只是概率，别忘了人还有修为德行哪，别太认真，好玩而已。

| **老鼠** |　　据说，假如世界毁灭了，最后灭绝的，一定是老鼠。其特点：个小，消耗快。生命力顽强，繁殖快，存活率高。群居，有组织性，荤素通吃，能打洞，与人的基因最接近。

| **牛** |　　牛是最隐忍而坚定的动物，最适宜修行，所以老子骑着它出关了。马太烈，驴太倔，太没灵性，都不适宜修行。古代最好的祭祀品也是牺牲（"牺牲"二字就是指"献给上天的最完美的牛"）。而且，只有牛的公母有自己的名称——牡牝，它们真是牛。

| **虎** |　　虎五爪，为阳物，能食鬼魅。本来可以做门神。但杀气重，于是现在辟邪门口都摆狮子，狮子喜兴，抖擞。母狮子护子，公狮子玩球，男女之天性一目了然。

| **兔** |　　机灵、长寿的精灵。灵活优雅，天性不羁，和人类不太有亲情，活在自己的天地里。无论天上、地上，它们都活得有滋有味，有时候有点疯狂呢。

| **龙** |　　鳞虫之长。能幽、能明、能细、能巨、能短、能长，春

分而登天，秋分而潜渊。龙，一种变化的能力，一种自由的状态，一种无爱而大爱的精神。

　　|　蛇　|　　无足但善钻洞和横行，它是很有灵性善变化的动物，在十二生肖中，蛇是唯一的冷血动物，所以生肖属蛇的人都有冷静的一面。它外表再热情，你也要提防他内心忧郁的那一面。

　　|　马　|　　马要养——马的性子烈，刚健，所以要爱惜。驴要骗——驴的性子倔，任性，所以要哄骗。

　　|　羊　|　　在一般人眼里，羊，温顺和善，不与人争食，不伤害人，肉可食、皮可衣，可以用来交换财物。古人认为羊有四德：羔取其贽不鸣（有人抢它东西它不会叫唤），杀之不号（杀它时也不号叫），乳必跪而受之（喝奶时跪着取乳），群而不党（聚在一起又不结党营私）。真是乖巧可爱。

　　|　猴　|　　腿短、臂长、喜蹲。喜温恶寒，善攀缘，灵活。群居且有组织和制度，残忍，食杂。

　　它们对人的态度有点深不可测。

　　|　鸡　|　　有五德为德禽——头戴冠，文也；足搏距，武也；见敌敢干，勇也；见食相呼，义也；守夜不失时，信也。敢于问鼎时间，是能泄露天机的主。古代认为公鸡血可以辟邪，因为它能驱除黑暗，唤醒沉睡的生命。

　　|　狗　|　　也许人类最不了解的动物是自己，而人认识最深刻也最依恋的动物就是狗吧。它的忠诚和童真让我这个天生怕狗的人都心存敬意。而且我有种感觉：天下所有狗都像男的，热情、厚道、现实；所有猫都像女的，阴柔、孤独、灵性。狗是真爱人类的种族，猫则非同寻常，人类对她爱与不爱，她都另有一片天空。猫，让人敬畏啊。

或许，猫就是外星人吧？

猫：永恒的贵族。孤傲，任性，随时随地可以背叛，可以离家出走。

而狗，因为奴性，因为乖巧，所以可以做宠物。主人不在的时候，它陷入回忆当中，那时候它是狼吧，在荒原上嗥叫。

|　**猪**　|　长嘴短脚，好依附人，很聪明，也许它比狗更适合做宠物。而且生育力强，肉质鲜美。所以中国人把它放在"家"里，并把它作为最重要的祭祀品，献给天神。

这世上，懒的也许是悟出了"天地不仁，以万物为刍狗"；勤快的是被"明知不可为而为"的使命驱使。所以，懒也好，勤快也罢，都是道性。

在这世上，我们真正要懂的不是生辰八字，不是十二生肖，不是风水，而是要有"道性"，要找到自己的主人翁。否则，元神和元神相撞，就是毁灭性的激情的"一见钟情"；识神和识神相遇，就是一场无奈的笑话；元神与识神偶合，就是终生的不懂和陌生……跌跌撞撞的，岂止是孩童？懵懵懂懂的，哪只是你我？人这一生，又岂止是这一生？！

谁是你的？你的就是你的吗？别再问你与谁谁合不合，每个人都是独立的那颗星，每个人都是过客，能互相照个亮，取个暖，就已经知足，就已经感恩，就已经缘分不浅……

记住，你的面具很重要！而且，你还要牢记你扮演的角色！一旦变脸，后果不堪设想。

所以，还是做自己吧。

● 造业

中国是"身份证"，国外是"卡"。证，要靠言行来证明；卡，源于关卡，用来通关而已。

中国人不仅在意身份，而且标榜身份。人的身份越多，人的借口就越多，人生的障碍就越多。

身份，是国人的自我包装和御敌的硬壳，先亮个相、摆个局，定好了这布局里各自的位置，大家就都舒坦了。

｜ 业 ｜　古代人焦灼于"立业"，现代人苦于"就业"，小孩们忙于"作业"，因为都是"业"，所以人生终究是"苦"。

对年轻人来讲，生活其实就是两件事，一个是就业，一个是成家，古代人叫"成家立业"。而一个人能不能"成家"，能不能"立业"，都和这个人的表达力（口业）有关。

人，小时候为父母活；大了，为妻、子活；老了，想为自己活，可是，已经老了，已活不出太多的精彩了。出生时，还可以大声号哭；临死时，默默地流泪，一句话都说不出。

有人说，人的一生，呼吸是个定数，有多少钱是个定数，有多少老婆也是个定数……太早用完了，到老就孤苦。定数论让人惶恐、悲痛，但慢点来没有坏处，悠然地活是活，惶恐地活也是活，在舒缓中，在慢板中，与你相遇，与你牵手，温暖这无常的一刻，灵魂至少能得到些许的温柔……

人，太干净了，就没有抵抗力。人，太求完美，就没有快乐。

生存之道是解决我们心灵之痛的一剂良方。

在这世上，活得好不好，关键看你有没有"道"。生存对谁都一样，都是三顿饭一张床，但有是否"上道"之区别，世上的路很多，有披荆斩棘者，有坐享其成者，总而言之，得道者多助，失道者寡助。

何谓"道"？就是一个空间，一个时间，一个空。"有"，则障碍多；"空"则自由。能在有限的时空中了悟"空"，就是人生之意义，就是得"道"，就不白活。

中国的水墨画里不仅有空间，有留白，也有时间……笔墨，慢则洇，快则苍。

想不明白吧，想明白就不活着了。

| **宇** | 屋边也。屋檐："四方上下谓之宇"。（《淮南子》）

| **宙** | 栋梁，往古来今谓之宙（时间）。像墓穴中祖先神灵的来去自由状态。

| **宇宙** | 中国人对时空的界定。对每个人而言，时空都是有边界的。那"宝盖头"会让渴望自由的人压抑，但会给惊惶的人以安全。

如何得到快乐？先要明白快乐也是分层次的——饿时得到食物是快乐；冷时得到衣服是快乐；小朋友得到糖是快乐；过节时有朋友在身边是快乐；下雨时在昏暗中读诗是快乐；雪天有朋友来访是快乐；花开时是树的快乐……但最大的快乐是浪子回头，是幡然悔悟，是勘破无明和黑暗，是对生命根本的觉悟……那一瞬间，肉身血脉如蜜膏，如醍醐，融入大美，融入宇宙。

单纯地倒腾文化是不行的，还要倒腾经济和民生，还要惠及他国百姓，这样世界才太平。

所以，每当祈祷，我先祈祷世界和平。

● 时光流逝

时间，是最好的除臭剂，所以不必急于解决问题。你今天觉得是天大的事，明天也许就一文不值了。

不仅人的身体有自愈能力，情感也有自愈能力，生活也有自愈能力，所以我们要做的，就是让时光流逝。过度治疗、过度干预、过度解读等，都会让自己疲于奔命，越抹越黑，苦不堪言。

如果说怎么都是过一生，那么请把时间和精力花费在美好的事情上。

流逝的不是时间，而是我们。

变老，是一种无奈，也是一种勇气。

一切都是悄然开始的，你的爱情、你的病痛、你的伤感……但最终，它们一定变得汹涌，变得让你无法控制，变得让你绝望，变得让你从灵魂到肉体都面目全非。

我常常想，是否可以不这样？是否可以永远保持 32 岁时的风貌——充满弹性的光泽，柔韧的身躯，已然成熟而健康的爱情，稳定而沉醉的生活，而且开始渴望一个孩子……那时候真好，不再有之前少女的慌乱和激情，也没有对未来的恐慌与绝望。时光饱满而清新，身躯靓丽而风韵……

可是，时光始终滴答向前，如同一群喜欢恶作剧的天使，簇拥着你，裹挟着你，走在它明暗相间的路上……

开始就开始吧，慢慢地用心去体悟身体的变化，接纳它，享受它，最后，结束它。

但对大多数人而言，衰老是个令人不安的话题，当女子停经，男子阳痿，古人谓之"隐曲"，就是无从向人言说之意。隐痛如同毒蛇，先攫住了你的心，慢慢地，那毒的液便开始四溢了……别怕，也许是新的能量呢。

荣格认为：要看到变老的光荣之处，把它看作通往智慧之路，而不是走向衰老之途。"在原始部落里，老人几乎永远是秘密和律法的守护者，而部落的文化传统正是通过这些秘密和律法来实现的。我们的老人的智慧在哪里呢？我们的老人大部分都在和年轻人竞争。"

我们会慢慢老去，我们的机会会越来越少，我们的好时光也会越来越少，我们能享受的美好也会越来越少，所以我们要抓紧去爱、去宽恕、去拒绝……我们要打破自我的围墙，让自己尽可能地绽放。

一个人，要有 3 岁的童心，20 岁的坚贞和激情，30 岁的坚定，40 岁的成熟，60 岁的智慧，80 岁的胸怀，100 岁的境界，而且能同时拥有这一切，人就得了"真"和"自在"。

老天给人的时间可以分为三部分：一部分在懵懂中度过，一部分在磨难中度过，一部分在反省中度过……对大多数人而言，刚刚活明白时，却要死了。所以将死之人，自有一段衷肠，自有一番愁苦。为什么"其言也善"？因为这时活明白了，知道人生有多少无奈了，也就宽容了……

生存是需要勇气的。死也需要勇气。

| **物是人非** |　　月，还是那个月；山，还是那个山；房子，还是那个房子；但爱人不是当年那个爱人，你也不再是当年的你……

我是个对琐碎生活和计数都很恍惚的人，正乐得忘记年龄。每每有人冷不丁问起，我只好告诉人家我属龙，而且又是个对死亡话题充满迷恋的双鱼座，所以衰老啊、死亡啊这些词，对我有着梦幻色彩……偶尔想象衰老，就欣喜地联想到参天的甲木，并拥有无限的年轮的力量；而

死亡，更与狂喜的绝望的爱情相连……所以，坦然地等待，从容地面对，来而不惧，去而不喜。

曾经见过一个重度贫血的苍白的女人，她曾经晕倒在工作岗位上，她说：那一瞬间，软软的，死亡变得很温暖，很享受……她是个极度要求完美的女人，因此她的生活总是极度的不完美，唯有死亡，满足了她的终极享受，她真的想回去了……

见过太多怕死的人，见过太多"生不如死""痛不欲生"的人，在这种情形下，生病似乎是一种解脱……

肉体饥饿，靠粮食气血养；精神饥饿，靠情感智慧养。

小富在治理，大富在德性。小病在休息和治疗；大病，在休息、治疗之外，还要剔除"贪、嗔、痴"。

医药只能部分地解决人肉体层面的问题，而更大的问题在于养心和养神。如果医药、食物能解决人类的全部问题，这世上就不会有哲学和宗教。这也是我所有的书"重道不重术"的一个关键。总之，要想"离苦得乐"，还要靠内心的觉悟。

中医文化和养生文化是个更大的民族文化问题。中国人将怎么坚守自我，将怎么树立自己的民族自信心，是个更根本、更长远的问题。

| 时 | 四时也。从日，寺声。时，古文"旹"，从止日，跟着太阳走。

| 间 | 隙也，门缝里透出的月光。有"缝隙"意，有"闲"意。
"看山看水独坐，听风听雨高眠。客来客去日日，花落花开年年。"
（明·徐贲《写意诗》）总是心意飘零，又是浮华一天。

| 曲解世 | 塵，本指野鹿狂奔时掀起的尘土。故红尘滚滚，又

比喻人间。人间——儒谓之"世","世"乃父子相传，30 年为一世。

| **时间** |　"时"是跟着太阳走的意思；"间"是用门缝来留住月光。所以"时间"不过"昼夜"，而昼夜交替又会带给人心灵的压力——追日者易焦虑，望月者易抑郁。人生苦短，秉烛夜游者在青灰色晨曦初露的时刻，会多么绝望、多么哀伤……

焦虑是无能为力的表现，抑郁是有能力而无机遇的结果。

所以，焦虑容易让人烦躁发狂；抑郁则是对世界关闭了心扉。

世界再怎么变化，人，还是离不开阳光、亲人、温暖的夜和孩子。这些是人生的秘药，可以疗愈我们灵魂深处的伤。

● **在人世间坚持自由**

人都受制于体制和欲望，所以保持着反抗的态度、拒绝的态度，就是保持着心灵的自由。我情愿是个局外人，情愿放弃那些虚假的权利，所以也恳请局内人不要老打搅我的清净，不要试图激惹我的愤怒和厌恶。一别两宽，各生欢喜，你玩你的，我玩我的，好不？

自由是一种能力，是一种可以变成任何事物而又始终保有自我的能力。

自由绝不是放纵，放纵是一种可怕的无序。人体细胞的无序生长就是——癌。

桎梏无所不在，但心灵的自由也无所不在。

人生在世，不介入不意味着不明白，明白着但不介入，是为了保持独立的自由。因为在事物的背后，经常掩藏着强大的利益集团，能坚持不被阴暗势力裹挟，能坚持冷静的判断和对利益的拒绝，能坚持不被世俗格式化和荼毒，就是爷，就是贵，就是精神豪门。

硬件对谁都是那个硬件，但软件就不同了，实在不行，我们可以格式化，可以归零，可以重新开始。再不行，我们还可以让它死机，或永远关机，从这个世界消失……

从古至今，世间就没清静过。但从古至今，都有这样的百姓，在地头吸着水烟，打趣着邻家媳妇……也有我这样的妇人，守着一米的阳光和一杯清茶，守着丈夫和儿子，守着慵懒的平庸……所以，这世上唯有心，清静。

我们是等待者，就这么一直等着，等待……戈多。后来，什么都没有发生，只是在等待中，有的人死了，有的人老了，有的人离开了……

应该有个俱乐部，让这些人可以偶尔地……释放孤独。

人生在世，不必相识，但愿相知，相知也是福报。

双鱼座

我是我自己的双胞胎

是一条黑色的追着自己的白色的鱼儿

从银河的那边 过来

反反复复地，只因为这边也有两条河

我用我无穷无尽的未来

流浪着 探寻着 那原始的驱逐

告诉我 亲爱的 怎样溯流而上

才能重返你的怀抱

合二为一 不是在鹊桥之上

而是在那水的 中央

双鱼座的问题在于：一方面英雄主义，一方面厌世。而这两面又常常后脚跟前脚，刚刚悲壮一把，马上就又有了出离心，有点分裂的特性。所以，在你享受她的快乐的同时，一定要牢记她内心深处的悲怆；在你陪她愤怒和悲伤时，一定别忘了她内心勘破一切的大笑。

人，不过是历史的残片、碎片。人类，在成就历史、分割历史的同时，也成就了自己，分割了自己。

我想说的和做的是：我不想和你一样！我不想陪读，也不想陪绑，我要活出亮堂堂的我来，把这世间勘破，然后痛痛快快地，换个更好的地方去玩！

坚持自由就是坚持孤独，坚持孤独就是坚持独立的思考和独立的战斗！

由于自由是自我的本真状态，它拒绝他者的介入和干预，所以，坚持自由的代价就是孤独。

| **曲解词语·孤独** |　　　幼而无父曰孤。父亲代表理性，母亲代表感性。"孤"就是活在感性与心灵之中的忧伤的成长。"独"指不群之犬，它不同于温顺的羊群，而是保持着好斗的精神，独而不群。所以孤独是一种伟大的存在，它游离于世俗之外，以不妥协捍卫着高傲的特立独行的尊严。

这世上，大多数是好人，但这世上，也最怕好人的愚昧。那些自动被"圈养"的人，渴望被"圈养"的奴性的人，鲁迅笔下的围观者，吃

人血馒头的人，让觉醒的人啮心而痛。所以，凡是觉醒者、凡是战士，都要保持着孤独的警醒，你大步向前的时候，不须有太多的怜悯，因为那些奴性的人只会安享你的胜利果实，而从不在意你的牺牲。

孔子因为知道人性的温吞，所以采取了温和的教育理念，他希望学生靠自己的求知欲来完成和实现"君子"的教养。而鲁迅则是不认领世俗的孤独的战士，他焦灼的内心不相信人会从劣根性和愚昧中猛然觉醒，他"哀其不幸，怒其不争"。其实，"弃医从文"并没有使他解脱，反而使他更痛苦。

我不弃"文"，但从了一段儿"医"，这段经历使我能深入生命的底部，从而更透彻地认识了人性。当认识到医学不能解决人性的全部，不能使人得到最终的根本的拯救时，我决定回到源头，从热辣、混浊的红尘抽身，找回那终始的平静……

所有的精华都是"熬"出来的。如果有人折磨你，折腾你，你就权当他是添柴火的人吧。

中国文化既讲"生"，又讲"克"。生，是绝对的；克，是必需的。

人生不能滥用自由，有克才能成就。

把五行生克弄明白了，还能明白一个人生道理：人不可以过度放纵本性，过度了，就是病态；而且人的一生真正要做的，恰恰是约束本性中那偏执的一面、不好的一面，才能健康和长远。而这，也是中国的圣人们一切理论的出发点。

二

在人群中

◇

在人群里，有时，小小的一个门槛，都如同大山，阻隔了你前行的路。

夫妻之间，父母与子女之间，人与人之间，恐怕都要有以下四个境界：

1. 不留，是一种境界。圣人之用心若镜，来来往往，留于意，就思忖，就痛苦。

2. 认命，是一种觉悟。试问天下情为何物？就是一物降一物。万事万物，是你的就是你的，不是你的求不得。

3. 格局，是未来。没有大格局，就没有大未来。格局不是你足之所到，手之所握，而是你海纳百川的心胸。

4. 情趣，是永恒的吸引力。有所爱、有所好、有所长，才能助人，才能自娱，才不至于坠入虚空。

成功四要素：贵人提携，高人指点，小人激励，亲人支持。

人生不过"知天命，尽人事"。

● 做人

你宽恕的能力、爱的能力、拒绝的能力，决定你未来生活的品质。

因为人性有"贪"，有妄念，所以你要学习和锻炼自己拒绝的能力。

因为人性有"嗔"，有抱怨，所以你要学习和锻炼自己宽恕的能力。

因为人性有"痴"，有执着，所以你要学习和锻炼自己爱和分享的能力。

中国人在做人的问题上有太多的思考，太多的励志，太多的感悟，太多的谴责，太多的追问，太多的惶恐……这说明在中国，"做人"是一件艰难的事。人不仅与天纠结，与地纠结，与人纠结，而且与自己纠结。

《诗经》："战战兢兢，如临深渊，如履薄冰。"

从那个时代就开始的恐惧和忧伤，已成为生命的印记，在血脉中流淌、遗传……无法根除。

| **做人四气** |　锐气藏于胸，和气浮于面，才气行于事，义气施于人。

锐气是独立的精神，绝尘的、不妥协的东西不可没有，但要"藏"，因为外是"世俗"，不容你的孤傲；和气是勘破一切世俗后的宽容，计较只会伤人伤己；才气是本事，是领悟力，量力而行事，恰好最好；义气是灵肉有余则广为布施，既给了，就没想要回报。

庄子说"为善无近名，为恶无近刑"。这句好，"为善无近名"——做善事不可有博功名之痕迹，否则就是作伪；"为恶无近刑"——做坏事不可触犯刑法，否则就是真恶。做人，就是在界限中保持率真的自由。

善是利他，恶是自保。如果人性里只有善，人类就无法利用万物以自救，就早早灭亡了。如果恶的本性在危急之关头不能发挥自保功能，那人也会万劫不复。所以，我们要训练人性的完整，才能不任人宰割。

善不仅是利他，而且是在利他的同时也温暖了自己。一想到自己还有能力帮助别人，心里就幸福，这就是养生。恶不仅是自保，在恶的同时因为对别人的伤害而提心吊胆，或因为恶缘而冤冤相报，就是害生。善和恶不过是自性的两面，而非道德的两面，能不断地趋善避恶，就可以活得安心、自在。

善生阳，恶生寒，伪善比恶还坏，生邪。大善、大恶都非常人所能为。比如以身饲虎之大善，比如杀人越货之大恶，都非吾辈所能为。活着，能一生问心无愧，已然了得。

普通人追求的，无非是老婆孩子热炕头的混合，相夫教子、扶老育幼，家风淳厚，就已经为民族的传承做了贡献。如果强梁恶霸欺负了人家老婆孩子，还不许人家骂两声、跺两脚，也是一种不厚道。人被现实逼出点小恶我看也没什么，现世报了，还省得以后再倒腾这点破事了。

孟子说：好俗乐、好田猎并不可耻，但与天下同乐即可。圣人不是唱高调的，不是假道学，他洞悉人性的弱点，但可以把你的好恶提升到"天下"的情怀里。

做人，低调得有低调的境界，张扬得有张扬的本事，而始终如一的不卑不亢则是把境界和本事"涵"在了一起，给了人生一分了不起的镇静和从容。

做人难得的是"忘我"，"我"字一当头，人就胆怯了，一不自在，人就无法脱俗了。

那女人在台上唱啊唱啊，虽然兰花指一直优雅地翘着，但从她的僵硬的肘部可以看到她的紧张。人就是这样，大多的时候太想做得完美，而不知道真正的完美一定暗藏着悲伤；太想取悦这个世界，而不知道这个世界的完美源于你颓唐的、忘却一切的，甚至忘我的……风骚。

人太干净了，就没有抵抗力。人太追求完美，就没有快乐。

文无第一，武无第二。文无第一，就是因为文章各有千秋，仁者见仁，智者见智；武功要是第二就难免会被打死。

韩非子说："儒以文乱法，侠以武犯禁"——文人怕没骨气，武人怕鲁莽。

凡有本事者，都有个性，都不好控制。所以，对有本事的人要善于利用，而不是控制和打压。

中国古人的分类原则：

内圣分为四层，依次为天人→至人→神人→圣人。

外王分为四层，依次为圣人→君子→百官→民。

上述两个部分中，"圣人"是连接两个序列的纽带。

我也有个分法：以唐为界，之前之后，中国人大不一样。之前是泰山，之后是平原。之前是大江大河，之后是涓涓细流。

中国社会人群的排序很有意味：古代社会是"士农工商"；民国是"商士工农"；毛泽东时代是"农工士商"；从中我们不仅可以看到中国社会对各类人的态度，还能看到不同阶段文化内涵的高低——发展文化，还是发展人的贪欲，这还真是个大问题。

| 士 | 指知识分子，在中国社会里地位飘忽不定，而且性情也很独特——有时候很奴性，有时候很孤傲，有时候很无耻，有时候很刚烈。无论如何，他们超越了小农经济的分散性和闭塞性，始终处于流动之中（号称游学），从而有着全国性的广泛交往。他们注定是社会中最敏感的人群，有着人类社会最敏感的神经，由于感知敏锐，他们有时具有超前性，是最投入的演员和最清醒的看客。

扶助文化，或是压抑商业流通以遏制贪欲的横流，有时是一个民族先进程度的表征。

精神富足的人不消费，幸福的人不消费。消费是用外在的东西填补心灵之空虚。

所有的广告都是在利用人心灵的无能和空虚。

做人，就得考虑长远。考虑长远，就是养生。

● 道·可道

关于老子，中国有个传说，说他在母腹里待了80多年，所以一出生便是个老人。中国古代的圣人几乎都在母腹里经历了超乎寻常的胎孕期，比如黄帝，比如颛顼……这无非是在譬喻中国文化的早熟，她在母腹的元神状态的丰富孕育，使得她一出生就圆满自足，不用漫长的成长，你要么接受她，要么拿她当古董，她体系的圆满，不容后人乱动手脚，只有继承和传播。

东方哲学始终不离自我体验及体悟，生命之道更是这种以"己"证"道"的先锋与典范。这种个性化的体悟很难用精确的概念来定义，常常是"说"不来，也"学"不来的。它的传承要么是体悟"高手"的确认与指认，要么甘于独守漫长的寂寞。

1. 高人求糊涂，低人求聪明

在中国，聪明不等于智慧。聪明，会使人更纠结；智慧，是让人不纠结。

《逸周书·武顺》说："两争曰弱，参和曰强。"意思是两两相争，双方都会一天天地消弱；三股势力在一起就会达到一种平衡，平衡就会日渐强大。古代的"绳"字是两股丝线反向而拧，而成势力；纠结的"纠"字是三股丝线拧在一起，纠结就是不仅拧巴，而且打结，"理还乱，剪不断"。所以"三三两两"要圆融着看，这就是中国文化。

中国文化的核心，就是别认死理儿。阴阳啊，五行啊，中庸啊，都是让你活着学，活着用，谁认了死理儿，谁是傻瓜。

中国人，就是脑瓜儿式灵活，弄得活也不是，死也不是；这也不是，那也不是的，净折磨自己了，没工夫管别的国家的事，而且"地大物博""人口众多"，所以爱好和平，喜欢享乐，火药造了炮仗听响儿，指南针用来测测风水，不像那些小岛国缺吃少喝的，见了火药就造枪，见了指南针就航海，弄个殖民地什么的。

所以说，太灵活了也麻烦，把事情都想明白了，人就怕了，也就不爱做事了。老祖宗就怕明白人"懒"和"怕"，所以老教导咱得勤劳勇敢，得吃苦耐劳。难得糊涂啊，糊涂难得啊——看，"糊涂"，才是一种追求！了不得啊。

西人常疑惑中国有四大发明，但为什么发明不了枪炮和战舰呢？其实，这是中国文化的一个特性，就是任何发明一定要看它对人有没有用，中国人有所为，有所不为。"为"和"不为"的核心点在于对人是否有益。比如说，发明了枪炮，对人有益吗？无益。无益，中国人就不往这条路上走。

中国文化，一切都做长远计，一切都要从长远的角度去看。

传统，只是为了让人生活得更好。

2. 慧然独悟是老庄

《道德经》原本书名应为《老子》，后人称之为《道德经》。思来想去，还是《老子》这名称好，为什么呢？"老"，指千百年来的自己，父母生我之前的那个"我"，本来的自己，是生命本体；"子"，指种子、根本、开端，与时俱来的那个主人翁，犹如"如来"，好像来了的那个自己。

《道德经》，道，本原；德，本原的外现。人只可不断地接近本原，但不等于本原。经，是典籍，而非老子。真理落于纸上，落于文字，就不再是完整的真理，就会有歧义和误读。所以……道可道，非恒道也。

《道德经》是讲给修道练功的人听的，是"无"。《黄帝内经》是讲给帝王听的，是"有"。《易经》是讲给活着的人听的，是"有""无"之间的东西。三者都落于文字，又都在语言文字之外。每个人都只能得到自己能得到的东西，而绝非全部。

不必苛求自己，慢慢来，能悟多少，便是多少，生生世世，去积累吧。

读孔孟，入世正。精老庄，忘世豪。修禅佛，出世空。中国人的福分就在此，可入、可忘、可出，"静如处子，动如脱兔"。可正、可忘、可空，无人能奈你何。

其实，老子、庄子非常不一样呢。老子的无情令人畏惧，那种冷，直入骨髓。庄子看似无情，实则大有情，那种热，能化坚冰，能使花开。把他们放一起，就像画了个太极图，冷气热气都是气，但又不相杂糅，既保持着自己的独立，又显现了圆融……

老子对这个世界的意义在于：本来人类觉得那个发明12345的人就已经很了不起了，没想到有人居然发现了"0"！而更让人惊异的是发现了那个 −1、−2、−3……由此，人类的思维被极大地放大了，而老子在我眼里就是负数的发明人及阐述者，他掌握的语言及对宇宙秘密的认知，令我臣服。

他，就是那个不可言说的"道"，就是那黑暗的不确定世界里冷静而又温暖的一盏灯。

老子并不出世，但他所言是宇宙法则之下的"世界"，所以高明的统治阶级一定"内用黄老"。而庄子才是真正的出世者，他蔑视一切权威，蔑视人类所珍视的名利和情感，他笑傲江湖，笑傲樊笼，笑傲桎梏，对大多数中国人而言，他就是那可望而不可即的对岸，是鼓噪而犀利的青春，是黑暗里的灼人的热情……他怎么说，我都喜欢，他怎么胡闹，我都赞叹。

《道德经》第三章："不尚贤，使民不争；不贵难得之货，使民不为盗；不见可欲，使民心不乱。是以圣人之治，虚其心，实其腹，弱其志，强其骨，常使民无知无欲。"

老子的话是对"君"说的。君在人为心，心为君主之官，心无分别，则五脏无分别；心不贪难得之货，则五脏六腑也不知何为贵；心君不欲火腾腾，藏腑亦不乱。所以，美好的社会，健硕的身体，都需要削弱心的欲念，只求肚腹的满足，肾精足而又收得住，就不乱闹。如此不生淫邪欲望之心，则国泰身安。

《道德经》第五十七章："我无为而民自化，我好静而民自静，我无事而民自富，我无欲而民自朴。"

我为元神，民为脏腑，元神清静无为，脏腑亦不敢妄动。元神昏聩，则百姓脏腑风起云涌。

"天行有常，不为尧存、不为桀亡。"意思是：宇宙法则只按其自身规律运行，它才不在意你是明君还是昏君呢！圣人遵循天道，坚守孤独与正念、正举，并且不为世间标准所动，"举世誉之而不加劝；举世非之而不加沮"。人人如是，世间太平。

| 道 | 从"辵"部，上为"彳"，下为"止"，与行动的能力有关，与道路有关；"首"为面，为头脑。"道"字的意义便在于——有头脑的人在大道上行走，并知道该停在何处。

反之，无道就是没头脑，没方向，干了坏事还停不下来。

| 德 | "德"字原本从"彳、直、心"。从"彳"，代表行道的能力；从"直"，眼睛要直视前方，要远瞻；从"心"，要有感知的能力。所以，"德"——在正确的方向上感知并行动。

反之，无德就是凭借错误的感知胡作非为，不知忏悔。

《道德经》第十八章："大道废，有仁义；智慧出，有大伪；六亲不和，有孝慈；国家昏乱，有忠臣。"——"仁义"这些词是天地之大道不行于世后，才被圣人提出来约束人性的哟。大家都追求计谋技巧了，就会有大虚伪；伤于人"六亲不和"的局面，才有了要人孝慈的观念；国家如果安定祥和，要忠臣何用？！

低级的娱乐是媚俗，但也要防止那种冠冕堂皇的虚伪的"仁义礼智信"。

老子说：弃智绝学——所知愈多，所不知亦愈多。抛弃自以为是的认知，而用直觉和感性去把握天下，世界将呈现其本来面貌。

中国的"义理之学"强调三点：一、首先要明白阴阳之道，并且有行道的能力，这称之为"明明德"。二、新民——要让百姓觉悟、自救，从旧人变新人，重新做人。三、"天人合一"—— 人与自然的和谐度越高，就越接近"至善"。

道在天地是阴、阳；在人身是性、命。

天地视人如蜉蝣，大道视天地亦泡影。

朝闻道，夕死可矣。这就是中国人，就是有传承、有历史、有文化的中国精神。

● 你是谁

|　君子　| 有操守，慈悲仁厚。"君"字解：用手抒着胡须深沉不语的人。

|　淑女　| 有操守，慈悲仁厚。"淑"字解：在河边用手优雅地摘豆子的人。

|　庸人　| 自己把自己的心弄乱的人。气不足，德不厚，大事不清楚，小事又糊涂。

|　小人　| 近之则昵，远之则怨。容易纠缠不清的人。

|　男人　| 只知道在地里干活糊口的人。

|　女人　| 只知道在家里坐着的人。宅女，遐想的女人。

|　丈夫　| 把头发梳上去插个簪子，懂规矩、有礼貌、知道约束自己的人。

|　妻子　| 也是把头发梳理整洁的人。婚姻的作用就是让人不能再胡来了。

|　小妾　| 站在一边的小女人。没提头发的事，恐怕可以蓬头垢面。

古人从头发上论人：蓬头垢面者，是制度外的人，古代是修行者，现在是乞丐。无论如何，他们都是自由人。

| 官员 | 事君者，并懂得臣服的人。

| 商人 | 通物曰商，居卖曰贾。商人要有通途，贾人要有广厦。

| 商 | 《说文》说"从外知内也"。通四方之物，故谓之"商"。商人的厉害在于，从你的外表就可以看到你内心的渴望与贪婪，通过满足你的贪婪而牟利。

| 贵族 | 有钱、有闲、真性情。

有钱，但不是自己挣的，所以"视金钱如粪土"。

有闲，大量的时间用于形而上的思索，或玩鸟、玩石头，喜欢和女人厮混，但绝对有真性情。

因为有真性情和"视金钱如粪土"，所以家业往往就败在他们手里了，所以"富不过三代"。

你是一个寂寞的人，永远是一个人在陌生的原野上旅行。

| 曲解词语·寂寞 | "宀"是房子，"叔"是用手剥豆，"莫"是日落草丛之中的昏蒙与苍凉。于是"寂寞"就是一个人在昏暗的房间里默默地数豆子，编心结，天渐渐地黑了，心也随之暗了。

寂寞，就是好像在昏暗的空屋子里等一个电话，但当铃声响起时又不去接，只是呆呆地听着，直到它戛然而止，一颗心就这样忽地灰了，忽地沉了底，从此，你和这个世界再无瓜葛和联系。

你是一个孤独的人，哪怕在欢腾的人群里，你也形影相吊，独立不群。

| 曲解词语·孤独 | 犹如荒芜之地的九尾野狐，在晨曦初露的时候就开始装扮自己，香氛盛装，明眸皓齿，然后如女皇般高傲寂然地坐在荒原，只为等那黄昏，等那慢慢涌上来的黑暗，淹没自己……

有时候，你会发现，当你想一诉衷肠时却无人可说——对爱你的人你不能说，因为你可能不爱他。而且这时你需要的是切实的帮助，而不是爱情。对闺密不能说，因为很快就会扭曲在闺密的七嘴八舌中。对男闺密也不能说，因为会引发不必要的误会。想来想去，其实这世上，很多人可以陪吃陪玩赔笑，一旦磨难来临，终归还得自己踽踽独行。

谁呢？谁是那种大大方方，体贴、厚重，能够安顿好你，而又能转身离去的人呢？

一直乐呵呵地做别人的心灵依靠，猛一回头才发现，自己最无依无靠。

你是一个痛苦的人，被囚禁在玻璃围墙里，对世界充满了渴望……

| **曲解词语·痛苦** |　　痛是肉体的感觉，苦是内心的感觉，所以，痛苦是身心俱处在被伤害、被打击、被折磨的状态。麻药和毒品不过都是欺骗，因为它们不能从根本上纾解生命道路的拥堵和心灵的无明，它们只是暂时麻痹了你的神经，欺谎了你的心灵。而真正的"离苦得乐"，唯有觉悟和践行。

你累了，在漫长的奔跑中，你停了下来，喘息着，看着世界渐行渐远……

| **累** |　　气脉将竭之象。如果是你愿意做的事，你不会觉得"累"，因此"累"的真意是"心累"，是你纠结于放弃还是坚持之间，是你纠结于厌倦与无奈之间……一切不过是患得患失，一切不过是胆的虚怯和肝的愤怒的纠缠。总之，你内在的平衡已经打破，你倾斜的犹豫的飞翔使你的心黑云弥漫……

你是个"神"。你俯视着我们，喜怒无常。一会儿赐予我们谷物和甘

霖，一会儿又是暴风骤雨和瘟疫。

| 神 |　　从"示"从"申"。"示"是祭祀的神案，"申"字是划过天际的闪电，"神"是主管闪电的雷神。其威力，其对四时之统摄，其给人类带来的最原始的光明……都是在向我们申明：他是我们肉身的主宰，是我们尊严和勇气的根源，是我们热情与冷漠的源头。

生，寄也；死，归也。活着，不过寄生；死去，不过归去。

你是刍狗，只不过随命运的风，四处飘荡……

| 刍狗 |　　结草为狗，以供祭祀之用，祭终则弃之。《道德经》："天地不仁，以万物为刍狗；圣人不仁，以百姓为刍狗。"

年轻时，人是梦幻电影里的主演；年老时，却在生命的回放里发现——自己不过是田野中的稻草人，随命运的风，四处旋转。

| 圣人 |　　对一切变化都通透的人，把人的心理和生理都搞定的人。圣人不重科技，重礼，把人做好了，一切都好。

三

在中国

● 双重人格

中国古代知识分子有双重文化来保障自己在世间的表演和平衡——他们"穷则独善其身，达则兼济天下"，进而为政，退则修身，并由此形成中国文化最具特色的两套系统：一是政治文化，一是养生文化。

这种双重文化又造就了他们的双重人格，在政治里，他们忠奸莫辨；在养生里，他们性命双修。在政治里，他们永远不可揣摩，而且不可靠；而且他们把政治文化里的自私混沌也放到养生文化里，一会儿仙、一会儿魔⋯⋯

所以，古代这些人，为政不"达"，也不"兼济天下"，故而不仅自己无成就，还招惹民怨。待到"穷"（被憋）时，也不能"独善其身"，有贪念，无情趣，惴惴然孤独寂寞，故而怪病缠身。

| **曲解词语·中庸** | 中且庸。这是一个在极复杂的社会环境中才能产生的一个词。保持"中"，是一种平衡能力；保持"庸"，是一种装傻能力——一种人是真的大智若愚，还有一种是伪君子、真小人。

后者你能看透他，但还无法揭穿他，因为他已蒙蔽了所有人，揭穿他，只会对自己不利。在中国，没有比"做人"更难的了。所以，有些大家宁可玩石头、宁可以竹为妻、以鹤为友，也不愿与人打交道。

活着是一门艺术。对有些人来说，还是一门作伪的艺术。

艺术品里的假冒伪劣已经登峰造极，作伪的人亦如是。

所谓安全感，不过是依靠惯性而滑行。

有人不讲"道德"，但讲"规矩"。

有人只讲"道德"，不讲"规矩"。

道德是讲给君子的，规矩是立给小人的。当幼稚地把所有人都想象成君子时，就会发现遍地是小人和流氓；当把所有人都当成流氓时，便约束所有人都遵守规矩。所以，先小人后君子是对的。

过度的道德教化，也是伪善。

中国古代讲忠孝节义：忠，是臣对君；孝，是子对父；节，是妻对夫；义，是同辈公平对等。有人说这是传统文化里的糟粕，因为它把弱势群体——臣、子、妻放在一个必须尽义务的奴性状态。

中国人好"尊卑"，印度人讲"种姓"，日本人讲"等级"。东方人就好这一口。现在的普世文化内涵是自由、平等、博爱。但讲多了"平等、自由"，人心容易激动、亢奋、容易"慌"。而且，还可能会过度消费了"平等"和"自由"。

其实，在精神训练上，我们还真的不够稳健和淡定，只要一切还局限在冲动上，而不是对现实及人性的超越上，我们就很难走得更远。

　　为什么，在别人是生活常态的东西，在我们却是令人激动不安的东西？平等、自由被法律约束着，而尊卑、等级则是硬性指标。一旦脱去了历史的甲胄，我们能否安享和承受那从未有过的生命之轻？

　　鲁迅《两地书》："中国大约太老了，社会上事无大小，都恶劣不堪，像一只黑色的染缸，无论加进甚么新东西去，都变成漆黑。可是除了再想法子来改革之外，也再没有别的路。我看一切理想家，不是怀念过去，就是希望将来，而对于现在这一个题目，都缴了白卷，因为谁也开不出药方。"

　　记得那么一句话：对于一个破旧的老房子，有人是拆毁重建，有人是出离而住荒野，有人是修修补补。如若是身体，就麻烦了，不能拆了重盖。当然可以逃掉重新再来，但再来是不是我，一般人无从知晓。看来，修修补补就成了浑浑噩噩的一剂药方。

● 迷信

　　常识不一定就是对的；看不见、摸不着的东西不一定是不存在的。

　　人的局限性从"眼、耳、鼻、舌、身、意"上得，所以普通人依据常识和惰性生活。

　　人的惯性多么可怕，就这么惯性下去，人就不明对错了。

　　我执：我执在眼耳鼻舌身意，表现为色声香味触法。

　　色——人喜欢美好的相貌和美丽的色彩，人只看自己喜欢看的。

　　声——人只喜欢符合自己心情的音乐，这是脏腑规律的需求。

　　香——人爱闻自己喜欢的味道。

味——舌的本性，喜欢的就吃，不喜欢的就吐。

触——皮肤的感触。男女都爱温软细滑，缺一不可。

法——思维逻辑，符合自己思维习惯的就听，不符合的就生气烦恼。

人，由"我执"而分别，由"分别"而我执，由此烦恼丛生，由此满目疮痍，由此万劫不复。

| **无常与有常** |　　"无常"是生命与生活的本质，因为人心无常，变化多端；"有常"不过是一种相对的存在。人们渴望爱情和家庭，就是希望在无常中求得暂时的、虚假的有常，是明知不可为而为的一种勇敢的表现。

属相、八字、星相、占卜……都是对生命的理疗，都试图抚平我们对混乱世间的局促、恐惧和不安；都试图为我们可怜而短暂的存在找到一个借口。比如你是小兔子，你可以为自己的明哲保身找到借口；你是双鱼座，你便为自己的反复逃婚找到借口……伤痛就此治愈，生活重又开始。

有的"迷信"，原本是所谓"科学"的母亲。比如化学起源于炼金术，天文学起源于占星术。但炼金术、占星术的人文意义远远大于化学和天文学，它给了原始人类最初的疗愈，使人类能走到今天，并慈悲地俯视那些莽撞的年轻人以自以为是和判逆来数典忘祖。

大多数人对自己得病的原因并不愿深究，宁愿一切归于外因，归于所谓遗传或基因。其实任何人都怕看到生命的底处，那张牌一定触及您根底的痛……真相，既非人人能见，也不是人人想见的。凡人，都喜欢自我欺骗的温暖……

| **科学** |　　科学一词是外来语。《说文解字》说："科，程也。"荀子曰："程者，物之准也。"所谓"章程"是为百姓立的权衡准则。"科"

字从禾从斗，禾为谷穗，斗为称量之器。所以"科"有标准之意。"學"，上面是两手持爻，指孩童学算术。所以古文中科、学二字指学习标准化的东西。现代指"分科"的学问。

事实上，民间的低俗迷信是人类最大的市场，因为它用最简单的方式满足了人最不可思议的欲求。而且没人敢讨价还价，花了钱还得说"请"，请来了还送不出去。这种低俗迷信源于人类的自私和实用主义，所求即荒诞，无所得即抱怨。蠢则蠢矣，但至少这类人还心怀畏惧。

不妨试着转换一下，从"要"到"给"，格局大了，人生的真喜乐就出来了。

"迷信"是人类的一个特质——追求财富，是对财富能给自己带来幸福的迷信；追求女人，是对女人能给自己带来幸福的迷信；追求科学，是对科学能给自己带来幸福的迷信……如果没有对财富、对女人、对男人、对爱与被爱、对科学等认知的"超越"，如果不知道幸福源于自我的解放和觉悟，就通通是迷信。

科学，其实只是一种探索精神，而现代人把它误读为物质的极大丰富和创造。

科学与性命之学不能并立，科学可以解惑，懂一点是一点，但它不能"一旦豁然贯通，则众物之表里精粗无不到，而吾心之全体大用无不明矣"。即，性命之学可以使人豁然开朗。

人类需要两套相反的装置——发动机和制动装置。如果科学技术是发动机，那么文化和宗教就好比制动装置，是科学技术的消极性。没有文化和宗教，科学技术的疯狂会使它的发明者陷入万劫不复之境地。

● 禅定

没有信仰的民族是可怕的，没有信仰，人就没有约束。

而信仰混乱且多元的民族更是可怕的，因为杂乱的信仰意味着功利和实用，他不是用信仰来提升自我，而是借用各种信仰为自己的贪婪找寻借口。

信仰不是信"教"。信仰是在大千世界的面前保持着犀利的痛苦、冷静的爱和对真理的激情认知。是一种独立的精神，而不是对他人的救赎的依赖。是让自己变大，而不是让自己跪下……

在河北邯郸附近的一座山上，有一座寺庙，寺内石壁上有王羲之写的"白鹅飞到凤池中"字和慈禧写的"真如自在"。后门外是一小块农田，农田之外是壮观无比的红色的巨大山壑……虽然那天风很大，但我心中生出大欢喜，只想留下，每天在没有和尚的庙里读读书，种种地，没事抚摸那些火烬下的残垣……

做人一定要快乐。每天读读经讲讲经、打打坐、种种地，在好的天气里去四处漫游、会友。得大自在。

年轻时，在五台山罕有人迹的北台曾看到泥泞中的孤独行者，心生无限敬意，更愿那行走的人就是自己。白天他们是行者，晚上会不会就变成了北台传说中的老虎？

也在白云观里讲过《黄帝内经》，有几个年轻的道士来听课。很想知道他们在道教学院里都学什么，是不是学那神秘的符箓，把天宇、人间、鬼界都囊括一空的那种？

| **修道** | 道家认为有四要素，一要得上法；二要有善财，否则

贫困交加，志向就不高；三要有福地，好环境也重要；四要有老师和道侣。

儒家认为要得天、地、君、亲、师。天地教人自然规律，君教人懂得畏惧，亲教人情感，师教人待人接物的规矩和本事。

不懂得自然规律就胡来；不懂得畏惧就猖狂；不懂得情感就失败；没有本事就无法生存。

在世界上，最好以一念代万念，以不动代万动，静观其变，大千事物自然呈现。

| **根性** | 孔子六岁学俎豆祭祀之礼。

所以虽说众生平等，但在根器上、在领悟力上，还是有差异的。

| **禅定** | 外离象曰禅，内不乱曰定。外禅内定曰禅定。

无论学什么，都要先看懂开篇。开篇蕴藏着整篇的玄机，它会告诉你学懂这一篇的要旨是什么。

《金刚经》："如是我闻，一时，佛在舍卫国祇树给孤独园，与大比丘众千二百五十人俱。尔时，世尊食时，著衣持钵，入舍卫大城乞食。于其城中，次第乞已，还至本处。饭食讫，收衣钵，洗足已，敷座而坐。"

无论做什么都要先遵从世间法则，要有"食时"，要"著衣"，要"乞食"，要"收衣钵"，要"洗足"……现在的人修行，断食、打坐、念经……忙得不亦乐乎，但毫无次第，所以得道的寥寥无几。

持钵——先放空，然后盛满。"乞食"——要求资粮。"次第乞已"——要次第地去求、去修。"还至本处"——要回到本处，回归自性。不能吃了谁的饭就跟谁跑了。

| **洗盂** | 春来草自青。

| **右袒** | 便于工作，便于放下。

| 升座 |　　体会人之尊严。

| 合掌 |　　收心、恭敬求法。

人的一切危险源于外求，外求会让人因为大千世界的繁复而陷入内心的迷乱。所以庄子说："其生也有涯，其知也无涯，以有涯伴无涯，殆矣。"

中国文化是内学，佛是内明，道是内景，中医内经，儒是内业，武术是内功。

中国哲人以自身为小宇宙，而返观内视，进而洞悉了大宇宙，这就是中国文化的核心——天人合一。

| 悟性 |　　直透事物本质的能力。

人开悟的基础在于精满气足。精满气足，人体这个小宇宙就不是坍塌的黑洞，而是充盈的、丰满的、充满活力的，也是自足的。因此，人不可以忽略肉身，肉身以其混沌之灵，唤醒了我们自性的灵，把我们从小宇宙引向了大宇宙……

一切都不过是关于渡河的比喻，从此岸到彼岸，从此生到往生……迷时师渡，悟时自渡。不管有无船筏，我们都要前行。

六祖惠能的故事：

| **惠能幼年丧父** |　　父亲代表理性。要想悟道，先去执着妄想。

| **养育孤母** |　　母亲代表感性，本能。养育感性是悟道的关键。

| **砍柴和闻《金刚经》而悟道** |　　砍柴是生发，闻《金刚经》而悟道是收敛。木生发，金收藏。

| **舂米** |　　给自己增加压力，积累。米，粮食之精，积精累气。

| **上下櫜龠** |　　犹如呼吸。

|　**北方人和南方人**　|　　分明的四季给了北方人充分的时间和空间，尤其是漫长的无所事事的冬季，给了人遐想的机遇，所以越向北，文豪越多。南方使人忙碌，而且越向南越苦，生命也短暂，所以人对生死的反省也多，所以印度有苦修和佛教。

老子骑青牛，牛隐忍而坚定，适宜修行。张果老骑驴，驴倔强顽强，且内收，有此特性可以炼丹。

在五台山寂寞的北台，有四五头牛卧在飘动的经幡下，听一个疯和尚念经，我的眼、我的心陷入一片迷离……

偶尔，磕长头的僧人从我身边走过，人们告诉我，北台有老虎，我想，它们也曾听过佛经吧？如果我见到它们，它们会怎样看着我，用它们大大的反射着整个寰宇的眼睛……

|　**业障**　|　　就是坏念头、坏习惯。而养好的习惯，就是忏悔。

|　**忏悔**　|　　就是反复告诫自己"永不再犯以往之过错"。而现在的人精亏血少，忘性极大，屡犯屡忏，不可救药。

嫁错了人，造业；求错了法，更造业。人生短暂，真错不得啊。

虽说错不得，可"错"又是根性的因缘，错了正好可以再来，那就让他们错去吧，再说了，还有那么多传错法的人等"错"来吃饭呢。如此一想，心倒释然了。

听说一位童贞出家的老法师，不慎从楼上摔下，伤势极重。弟子劝请念佛，他说："现在痛苦得像万箭穿心，哪能念佛啊！"情况好转后，他对大家说："以前我对生死好像很有把握，经过这次经验，才知道在极度痛苦时，正念是提不起来的，希望你们在平时要好好用功，不然，生死是了不了的！"

曲曰：所言极是。生死关头夸不得海口。

四

永不媚俗

◇

即便明天地球就要毁灭，我仍然要种下一棵苹果树。——马丁·路德

即便明天地球就要毁灭，我仍然要种下一棵精神的苹果树。

——曲黎敏

加缪："反叛者是什么人？一个说'不'的人。"

● 文化阅读

| 看书 | 古人的书要竖着看，总在点头，而且头越来越低，人性也越来越稳定，这叫深沉。

西人和今人的书要横看，所以总在摇头，否定得多了，人就越来越傲慢和轻浮。

有人说：古人用毛笔写字，毛软，字要有底气才能有筋骨，人也越

练越精神，这叫大气。今人用键盘打字，智能联想字就出来了，不再研究字写得端不端正，有没有风骨，人也就越来越不了解自己写的是什么，越来越不为自己写的负责。此言甚是。

| **经** | 所谓"经"，与"纬"相对，南北为经，东西为纬。必先有经，然后有纬，因此"经"是指永恒不变的真理，"纬"则指变化，因此古代有经书、纬书之差别。

| **典** | 上为册，竹简，下为手，两手捧竹简。这是学习态度。

| **国学** | 所谓国学：一、国家机器认可的学问。二、一个民族长期积淀并赖以研习和传承的学问。第二种一定从内涵和外延都远远超越第一种。

第一种国学的整合方式可以以《四库全书》为代表，它以儒家为标准。所谓"四库"，是把书籍按类别分为"经、史、子、集"四种。

中国"经学"表现的是"集体无意识"。

"史学"表现的是"后意识"。

"子学"表现的是人的"明意识"。

"集学"表达的是人的"潜意识"。

| **文化** | 所谓"文"不过是原始状态的本真的花纹、鸟兽足印等；"化"则是两个人颠倒地立在一起，即把一个人彻底地颠覆、彻底地改变。所以你知道"文化"的厉害了吧！就是用一套系统的东西把你彻底地改变，把你"化掉"，从外表看，那个硬件还是你，但软件已经彻底改写，你，已经不是你。

其实，大多数文化都是对元神的压抑、驯化或杀伐，正如"圈养"会使动物的本性退化。文化是我们冲动本性的急刹车和红绿灯，一旦我们对它习以为常，我们就会渐渐迷失本性，被驯化和物化。

所以，在这场驯化中，一定有挣扎的人，他们要么是警醒的智者，要么是精神病人。

总之，那个"化"字太厉害了。欧美"全球化"的真谛是"西方化"，而我们，正在被"化"掉经济，"化"掉自身文化，"化"掉我们原有的价值体系……在未来，我们是否可以做一种努力：把他们"中国化"？让他们学我们的汉字，学我们引以自豪的传统文化，比如传统医学。

一位美国总统在参观西安古城后说：中国要在几十年中建成美国那样的城市，是很容易的事，但我们建成西安和北京故宫那样有文化底蕴的城市，要花上几千年。而我们有的人现在正在做的事，是完全忘却传统，追在别人的身后，造就一个没有文化个性的、被"化"掉的新事物。

因此，文化有两大特性：一是讲究渊源，就是那套系统的建立；二是讲究传承，就是要不断地强化，不断地传递下去。而传承下去一般又靠两个东西：语言和文字。所以坚持自己的语言和文字是一个民族保持自己文化的固执的坚强。

任何文化的最基本原则都应该是"趋吉避凶"，首先是"自保"，其次才是如何生活得更好和更有意义。所以它是从人类的经验中提炼出来的精粹的东西。动物要靠本能来传递经验，明白自己在生物链上所处的地位，以避开危险，保持生存。人，则可以不断地积累经验，并且提炼它，靠语言或书写的方式，来告诉后人如何获得更稳定的生活。

而文化的最高形式是"思想"，是一个民族对宇宙、对生命及人生的认知态度和理念。

中国的学问全是向内求的学问，比如：佛学为内明、道学称内景内丹、医学为内经、儒学称内业、武学提倡内功。这些学问全要求我们要有悟性。这跟出身、所学专业、职称等没有什么必然联系。一个大字不识的人也有可能因根性和机缘而开悟，比如六祖慧能，佛说人人皆有佛性，只是你的佛性若被无明遮蔽，神也无能为力。

中国古人始终把精力放在内向自足的探求上，而没有向外扩张的企图。如《黄帝内经》中多次强调"非其人勿传，非其人勿教"，有着文化的保守与固执；道教则更无那种急于扩张并试图压倒一切的企图，并且，它把神秘化更多地用在语言形式上，创造了许多隐语来维系自己团体的独立性和纯洁性。

对中国人来说，"百神之殿永远不会客满"，这体现了中国之道的兼容性和包容性。在中国之道中，从来没有极端的对立与冲突，阴阳观念绝不是光明与黑暗、上帝与魔鬼的斗争，而是彼此依存、渗透互补的一对范畴。

另外，中国人追求的是现世的荣耀与幸福，不是"信而好神"，而是"信而好古"，有着一种对圣贤及经典的迷恋，采信其哲学的层面，致力于智慧或觉悟。

对于文化的统治是让统治者最挠头的地方。秦始皇统一六国后，可以统一全国的道路（车同轨）、统一文字（书同文）、统一度量衡……但无法打破六国对自己文化的坚守，于是他采取了一种高压的方式——焚书坑儒，但显然失败得一塌糊涂，他烧的书至今犹存，比如六经；他没烧的书则荡然无存，比如种树和医药之书。

有些东西，靠强压是不起作用的，农人式的狡黠在于，他可以用表面屈从的沉默来深埋他骨子里的倔强，一旦时机成熟、春光乍现，那些小种子就冒出来了，先是星星点点，然后一片葱茂。

汉武帝在这方面显然比秦始皇从容多了，如果说秦始皇的伟业在于把中国从形式上一统，那么汉武帝则完成了文化上的一统。他知道"野火烧不尽"，思想的芦苇有点水湿就会发芽，于是他聪明地广收篇籍，并指挥人编辑整理。但可怕的是，他开始用强权引导大众的阅读——罢黜百家、独尊儒术。你遵从了，才可以进入仕途；你屈服了，就会有利益。

文化，就这样被荼毒了，被利用了。

庄子云"天下何其嚣嚣也"，嚣嚣，忧思忧苦的样子。这样阴冷的天，看微博，看世界新闻，只得长叹"天下何其嚣嚣也"！

● 教育反省

人生四恩：天地造化恩，父母生育恩，君王水土恩，师长训导恩。此四恩为古训，中国人的朴实就在其中，知恩图报，不枉为人。一拜天地，二拜高堂，这两项自不必多言。率土之滨，莫非王土，对百姓而言，其实并不在意谁上谁下，只要爱民，民也甘愿守着那份水土。唯师长训导关乎文明、关乎成长，得良师，也是上天一大恩宠。

孔子把原本只有贵族可以受教育的权利普及给了民众，只要交了"束脩"，人人可以来受教。有人会说：都圣人了还收钱啊？学费是一定要缴的，因为他的智慧教育可以让你在人生当中少走弯路。

人在以下几种情况下可以收取钱财：一、付出了劳动（省得你干了）；二、付出了心血（省得你想了）；三、告诉了你真理（你可以少走弯路）；四、传授了技能（可以让你更好地谋生）。而且，后三者一定要多给。但往往人们就不愿在这些方面付钱，所以古代贤者在这方面就只收徒弟，先干几年活儿再说。孔子则一开始就收"束脩"，贵族、平民、贫民一视同仁。

大恩不言谢。所以民间每逢此景总说：下辈子给您当牛做马。一下子就把后世交代了。谁说自己不能掌握未来？！

其实，这辈子好好做人，就不辜负别人了。

| **理财** | 理，治玉也；财，人所宝也。理财就是琢磨人人都爱的东西。这当然费脑筋，但也好玩，富于挑战性。

存天理，不必灭人欲，因为人欲也有幡然而悟的那一刻。

| **教育** | 教，上所施，下所效也。幼者按长者教导执行，是谓"教"。"教"字有"攴"，是手里拿着棍子敲打的意思。教育，就是通过对人"劣根性"的敲打而完成人性的重塑。还有一个"斅"字，指"觉悟也"。育：指襁褓中的婴孩。

人，必须通过自己对生活的体验、通过自身的经历，来获得自己的人生哲学。

我们的传统、我们的教育、我们的生活环境、我们的性别，无不影响着我们的生活。

教妇初来，教子婴孩——意思是，对女人，从一进门就要立好规矩；对孩子，要从小教育，一旦长大形成自己的世界观、人生观，再教育就晚了。

| **学** | 觉悟也。觉，是从混沌中醒来；悟，是由心的感知而知"道"。你要先醒来，才能悟道。可现在大多数人还在昏乱的梦中，从何感知，从何悟道？！

《学记》曰："学，然后知不足，知不足，然后能自反。知不足，所谓觉悟也。"

| **科技** |　　　不管上天入地，都是为了让人更好地生活，所以在它之上的一定是人学。圣人之学教的都是素质，都是如何做人，而不是科技，但要有很强的科学态度。所谓科学态度就是严谨，发电就是严谨，因为可以造福人类；原子弹如果贻害人类，就是不严谨。

浮躁的社会人都不严谨，都凑合。

| **教师** |　　　指民之有德行、才艺，足以教人者。中国人认为影响人的一生的是"天、地、君、亲、师"，其中最可以变动、选择的就是"师"，找到好老师是福分，更是机缘。我一向认为，好老师比好学校更重要。我从来没上过重点中学，但有幸碰到了好老师，最关键的是他们让我自由疯长。

师者，传道、授业、解惑。首先得有"道"，而且会"传"；其次是有依托于"道"的某种本事；再次就是可以依托"道"和"本事"而帮人解决困惑。所以，师者首先看得不得"道"。

现在老说某某学者有道，就是"茶壶里煮饺子"，有本事，但倒不出来。我看未必，恐怕那饺子也是"半吊子"，还是没真懂，是"真佛所言皆俗事"，所以既然不懂，当然更谈不上"传"啦。孔子、老子、苏格拉底、柏拉图等才是真正有道并且能传道的人。

孔子拿"六经"说事；老子拿"道、德"说事；释迦拿"究竟"说事；苏、柏拿"艺术"说事；《黄帝内经》拿"生命"说事……得道者各取其方便法门，但大道都归于那个"一"，都通向那永恒真理。

人世间，有大道，有小道，任何东西都有"次第"，而传人和被传者又要看"根基"，所以"传道"这事也看个缘分，不可乱传，传乱了，既毁了"道"，又毁了"人"。

所以《黄帝内经》里反复强调"非其人勿教""非其人勿传"。因为生命之学非同一般，传给有仁德之人，可以救人于水火；传给内心险恶的人，可能置人于死地！善哉善哉，此事焉可不慎之又慎？！

荀子说："国家兴，必尊师而重傅；国家衰，必贱师而轻傅。"人如果放纵，则法度坏。

大学之大，在于有精神的自由、包容和批判，在于青年的独立和老成，在于大师和大师的坚韧与纯真……

| **大学** | 就是永远保持精神的犀利的地方。

蔡元培时的北大，校长的胸怀决定了学校的高度。

学者分几种：一种叫学院派，一种叫在野，一种叫江湖。在野的有真性情，江湖的有霸气。

相比而言，男人比女人更在乎名利，伪学者最喜欢的就是偷别人的思想，并在别人的论文前加上自己的名字。

| **应试教育** | 应试教育固然可恶，但关键看自己的灵魂是否自由。心灵自由的孩子一定痛苦，但痛苦是一种警醒，它在时刻提醒你——有意义地活着，比浑浑噩噩活着好。

教育是个大问题，教育者和被教育者之间一定有人性的熏染或冲突，这在个人成长史上不容忽视。

古代人的说话和教育原则是"恶恶止其身，善善及子孙"。

这句话的意思是："恶恶止其身"——批评和贬损只停留于当事人。"善善及子孙"——对他的子孙要多提他做过的好事和优点，这样才能激励后代从善如流，这就是中国人一切从长远计的做法。

多看人的好处是对的，一方面悦己，一方面悦人。不仅养生，而且有激励对方弃恶从善的效用。总有人以为他的坏心眼别人看不出来，嗤！

说实在的，就那点花花肠子，谁看不出来啊？不看不说，是怕恶心了自己，这世上，谁傻啊？！

自以为是的聪明人，常常是"反误了卿卿性命"。

人生最终的成败在于格局，而与聪明等无关。太过聪明了，反而容易耽误自己。还是那种温柔敦厚、肯吃苦、懂得感恩的孩子靠谱。从长远看，温柔敦厚之家，才能百毒不侵，才能走得稳当而长远。这就可以叫作"得道者多助，失道者寡助"。

中国人一向做长远计，所以讲孝道，爱幼小。讲孝道是为了自己的老年幸福安乐；爱幼小就能节俭，以便为后人留下最美好的自然。

如果人急功近利，就是自私。

● 觉知觉悟

世俗生活给了我们什么？给了我们深沉的痛苦、轻浮的快乐；给了我们家庭、父母、子女；给了我们无法逃避的丑恶的现实；给了我们残忍或平淡的岁月……但最重要的，是给了我们一次摆脱肉身、飞升心灵的机遇，如果我们不及时醒悟，就只好不断在痛苦和无明中轮回。

"觉悟"二字甚妙，"觉"是醒来，"悟"是由感知而明道，所以要先睡觉，然后"觉"，然后悟道。所以大伙儿都先安了吧，明日好觉、悟。

人一旦觉悟，就会开始"自救"。

纯想即飞，纯情即堕。飞与堕，方向不同，而所得即不同。人在天地之间的盘旋，就这样，一切有时只在一念之间。

| **智慧** |　　代表着一种境界和一种不可企及的速度，而且不可复制。

智：《大乘义章》说"于境决断，为智；观达为慧；见识通明，为慧。具智慧根，得大圆满"。

慧，在《说文》中有"快"意，就像彗星、慧眼。

《黄帝内经》："因志而存变谓之思，因思而远慕谓之虑，因虑而处物谓之智。"

此句翻译过来就是：肾精足而且能生发就是思索；能够思虑长远就是远虑；将远虑落到生活的实处叫作智慧。

她说：您可以用您的大智慧来点化我吗？

怎么点化，我还在苦海中呢？！我不也有绝望的时候吗？！

老师，你的治病方法有点禅宗的味道，直指人心，见性成佛。但一般人很难接受。

回复：学佛的人多，成佛的人少。

您教导得对，问题在于使病人接受（度人）有难度啊。

回复：只度有缘人。

不受天磨非好汉，不遭人嫉是庸才。

如果有人诋毁你，请不要打听他们的名字，不要让生命中有仇恨的影子。如果是陌生的嫉妒者，你倒不必在意；如果是熟悉的亲近者，你一定会对人性产生大的憎恶和大的绝望。

就这样，还是让自己永远站在明处吧，让他们在暗处，在昏暗中咀嚼他们的仇恨和痛苦吧，而你，只须继续在阳光里走……

　　勇猛精进是多么难的境界啊!

　　现今社会，有人忙着造孽，有人忙着造福。各有各的因，各有各的果。少造孽，多造福，冥运道上，自然不恐惧、不慌张，自感多福。

　　世间烦乱在人心，在攀缘，在欲而不得。千百年来，不管有没有你，山都在那儿绵延，水都在那儿流淌。今生今世，能闻听着经典的馨香，还欲何求？！

　　今天在家打坐读书。天气清凉，心亦清凉。

　　长时间和一个人共处时，他的确定性和不确定性都令人厌倦。相反，阅读带给人心灵的喜悦是持久和确定的。所以，有时找情人不如在屋里焚香阅读一本书。

　　今天的下午和昨天的下午一样阳光明媚，但心情却大为改观，因为看了一本有意思的书。

　　天高地阔，上天有足够的时间等待我们觉悟……

　　阅读，可以让我们永不媚俗。

第六章

现代人物志

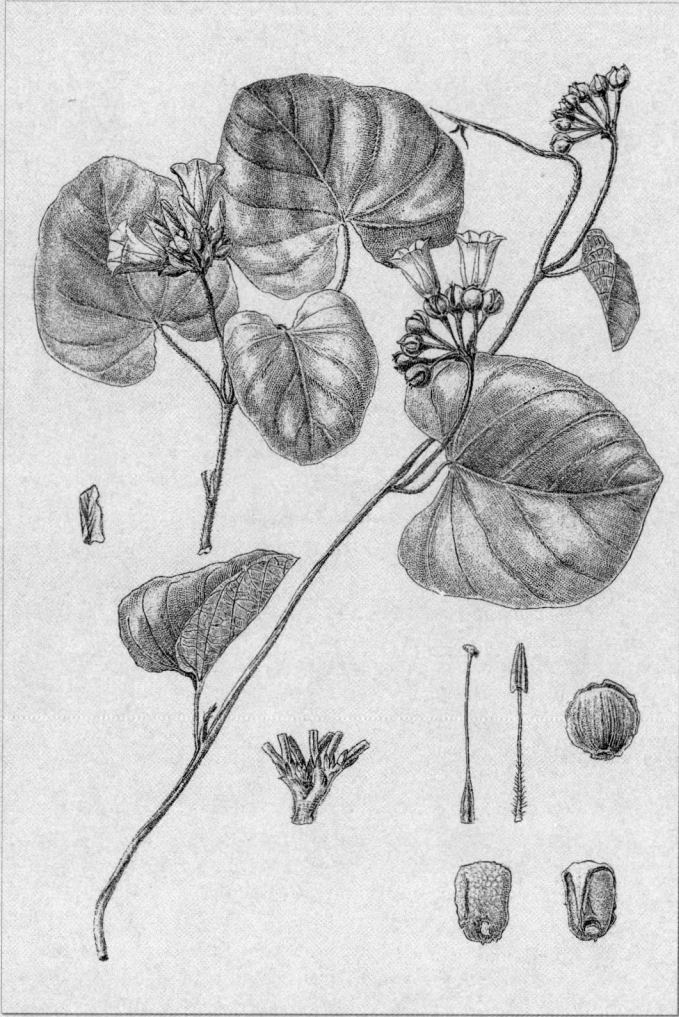

立天之道，曰阴与阳；

立地之道，曰柔与刚；

立人之道，曰仁与义。

一

至爱亲朋

———◇———

今儿整理旧物，发现年轻时自己写的小说集（没出版），读了几段，大为惊异。读了几段给小蝎子红辰，她端详我片刻后，说：真是讲养生毁了你。从此知道，那是我的假面具，那个真我，居然被我丢了20多年。

这20多年，我温柔敦厚，仪态万方。可在另一个20多年里，我是一个精灵，每个夜晚都飞向繁星……当面具啪嗒掉下，我不知道是否该去接住它，我也不敢去照镜子，怕里面的人早已泪水横飞……

我的好朋友JD说：电影对于我，是唤醒自己的方式，是记忆的方式，是招魂术。她说：用旧、褪色了的身体和心，在一个据说是开放的世界中局促生存，和谐盛世里的孤独和无力，几乎配不上少年时代我们对未来的信赖和憧憬。幸好，永远有无畏的少男少女们走在前面，大门不会从此关闭。

她在诗里说：

在我青春的梦里　到处是没有大腿的舞蹈

她的感性每每令我战栗，令我自惭形秽。她是拒绝走出青春的阿修罗，如同一只不生锈的铜锣，在那儿亮着、响着，我看到、听到，就唤醒了青春。（明日晚上又要见她了，这两日我要素心素颜素食，以便用饕餮般强壮的胃，重新受纳但愿依旧强悍哀伤的青春。）

我和她的对话外人永远听不懂。我们心心相印，互相折磨，相比之下，爱情都相对简单了。她说，咱俩出本黑白书吧，白页是我，黑页是你。

我那黑页一定是墨样的黑。文字在我的心灵之外。

我和她是同卵双生的孩子，被不同的父母领养。在灵魂的深处，我们互相憎恶，又爱之彻骨。我们是大地母亲肚子里的纵横，是天生的十字架。

在我们短暂的相聚时光里，男人是我们肉案上的食物，但不能分享。

那时候，我的肉体和精神都困在甲胄之中，精瘦，且两眼痛苦如墨。在我们分开 10 年后，一个孩子从那甲胄中横空出世，也解放了我的肉体和魂灵……这时她也从西藏回来了，在山里的一个农户里，读《道德经》，闲时在阳光下看两只小猫嬉戏，她说她也懂阴阳了，就是捡野猫也一定要一公一母……

我和她的生活就像反复出现的那个梦——我在高耸入云的高楼里向外痛苦地凝望，而她则飘忽在我的窗外……她那么胖，是怎么飞起来的呢？

她永远在外，我永远在内。我对安全感的迷恋和她对冒险的迷恋同样强烈，就这样，我们各自守住了自己的生活。

我对冒险也不无渴望，但每每想离家出走时，都想先把头发剃光。

每次就这么痴痴地站在镜子前，手里拿把剪刀……

而她，有好几个夏天，都剃光了头，穿着低胸的背心，露出漂亮、结实的半圆形的乳房。连公共汽车的司机走过她时都会放慢车速，对着她傻笑。她的头很圆，脸也很圆，但她的眼神如密宗的高僧般清澈、纯洁，我爱她，爱她到无以复加。

但男人们不这样想，他们嘲笑我的判断力，并说：如果在你与她之间选择，我们更愿意选择你……那时我年轻，听到这样的话会心慌，但过一会儿，我就愤怒了，并开始对他们冷若冰霜。

自从我有了儿子后，她基本不再见我了。儿子六岁的时候，我坚决地要他们见面。他们俩在自家露天的游泳池里玩水球玩了一个上午，我则趴在一边日光浴。后来我们一起去淋浴，她说：你儿子看见我的乳房啦。我大笑：没用的，他随他爹，是那种正统的阳光小子，对一切歪的邪的通通不感兴趣，我们白忙乎啦。

对她感兴趣的通常是患重度抑郁、有艺术天分但又不得志的人，而且骨节都偏大，长相绝对异类。总之，她是他们的福星、艺术源泉，他们和她同居一两年后，通常都会在国际上拿到大奖，然后就是血淋淋的分手。

每到这时，我们都会在一起，听她讲残忍的背叛的故事。过后的那几天，我便忧郁恍惚，令我先生既愤怒，又不得不耐心等待。这几年，这样的故事少了，她也淡出了我的生活。零星的几次电话、短暂、慌乱、欲言又止、果断挂断……然后，发一会儿呆，让生活回到正轨。

他是我生命中的男 JD，他叫龙，事实上，他是一条狡黠的、聪慧的、盗了天机的……蛇。他收留了一群野猫，每晚都俯卧在他的脚边。我明白它们要么是他前世的妻，要么是他下世的妻……这辈子他娶了个属虎的福建女人，生了个属虎的儿子。

寅巳相害，但他就是喜欢这种冒险的生活，没有猫，没有虎，他这条蛇就孤独寂寞，也许为了早一点和他的猫女们欢聚，虎年那年，他45岁，这条蛇倒在老虎的怀里，他死后，我在那些猫的神秘瞳孔中寻寻觅觅。

我生命中的她和他只见过一次面，照例是毒蛇遇到猫。她的光头、她丰满的乳房令他莫名愤怒，他打击她，试图用傲慢击垮她。她坚决地抵抗，拒绝吃他的药。我在一旁暗笑，两个都是我爱的人，我喜欢看他们较量……我跟龙讲述了我每次见JD后的困惑，觉得自己生活在安乐窝里，毫无斗志。他安慰我说：看长远吧，比比谁活得长，她将来会很痛苦……

但他不知我内心多么倾慕这种痛苦。

从这时起，我认识到再高的男人也无法窥破女人的境界和内心。

他给自己的书房起名叫：绝四斋。但他性格上最突出的体现就是必、固、臆、我。

子绝四：勿必，勿固，勿臆，勿我。

勿必——不要以为事物一定是这样。他总说：事物一定就是这样，一定。

勿固——不要固执己见。他说：要是有人比我对，我当场给他磕头。

勿臆——不要主观臆断，不要猜想。他的臆想、他的逻辑，令人瞠目，令人叹为观止。

勿我——不要唯我独尊。他照集体相总爱站边上，说毛在延安时就这样。他的一个病人被他骂后大怒，说，他需要的不是病人，而是信徒！

　　年轻的时候他严格地约束自我，所以多用否定词；中年时，他狂妄地放纵自我，所以多用肯定句。

　　前年春天的时候，他的一只猫跳楼私奔了，怀了孕后又一瘸一拐地回来了，然后生了四只杂色的小猫，小猫们的睡姿天真而风韵，它们是真正的女人，风姿绰约、孤傲、风骚的背后是冷漠无情，它们只为自己而活。

　　看猫伸懒腰时，真觉得它比女人还美，而且神秘。

　　猫和狗的心理区别：狗的心理活动是，有一个人天天供我吃供我喝供我住还经常给我洗澡，嗯，他一定是神！猫的心理活动是，有一个人天天供我吃供我喝供我住还经常给我洗澡，嗯，我一定是神！所以有这样一句话：找像狗一样的男人，做像猫一样的女人。说得好。

　　人为什么喜欢拥抱亲吻呢——所有的哺乳动物都喜欢这样做，因为平日老警惕着，怕别人伤害，气老憋着，体表就虚了，所以一抓一挠，气机就通了，就浑身舒畅。

　　中午本来约好他去赴宴，到他家后，看到一条风烛般的病"龙"，几乎奄奄一息。于是哪儿都不去了，静静地陪他闲谈。在那间充满了真刀、假枪、利剑的屋里，一只怀了孕的母猫走来走去，一个长长的躺着的人，一个满脑子还活色生香、沉溺在最令人怜惜的情欲中的要死的人……阳光透过密闭的窗子照进来，空气污浊，只有茶水清亮。

　　他也知道，一死就解脱了。呜呼！吾痛失一友，他痛失生活。

　　他死了。但他的剑依旧在寻觅敌人。

　　他前世一定是大将军吧，但一定是李广那种屡战屡败终身不得封侯的大将军。今生今世，他焦虑于金钱的匮乏，在他死后，据说在床脚、书橱等许多地方都找到了朋友给他的红包。他把它们藏了起来，以备不时之需。他经常为妻子买了 13 块钱而不是 12 块钱的剪刀而大吵……但愿他于冥运道上不再謇滞，不再愤怒，不再悲伤……下一世做个快乐的童子，带着他那些灵秀的猫。

　　人，真的是很奇怪。

二

奇人异事

◆

朱灿生先生，南京大学天文系的教授，是个最怪异的科学家，是永远的沉思者、思想家。晓非记忆中的他永远一手拿烟，一手拿茶杯，犹如雕塑。他的眼睛永远盯着面前白纸的一点，会突然地慷慨激昂，又会突然地沉寂……他要么跟世上的人争吵，要么绝尘世外。从不苟且，从不应酬。

他最后的死亡源于跟一位崔某畅谈了两天两夜，如火焰般燃烧，然后突然晕倒，从此再没有醒来……

走在人类前面的人，一定是疯子或傻子，而不是所谓的院士。他们一定欠缺某种灵活性和圆融，喜欢一条道走到黑。或者索性就是黑暗中的炭火，或地壳里的岩浆。我虽没有见过他，但我敬仰他，爱慕他，在科学的层面上，我未必懂他，但在精神和心灵的某个层面，我懂他，我就是他。

一个男人跟我说，他已经"集邮"了 100 多个女人。我说你一定开悟了，因为每天早晨都能感知"无常"。

一个风流才子在临近 50 岁时难免感伤，声称要"要有所为有所不为"了。于是他开始给追随者们（一群也正在变老的美女）讲房中术，说房中术的根谛在于"绵绵若存"……我大笑，他确实老了。

还有一个风流才子在 50 岁后成了狂人，谁要是说他画的八卦图不好看，他就把这人轰出教室。

此狂人年轻时打老婆孩子，把孩子的头往墙上撞……现在号称是国内第一国学大师。

而真正的国学天才每天早晨在公园走圈，晚上带着幼子在公园玩，对孩子比女人还温柔。

我朋友家隔壁的人学《易经》，学得现在看到人就狞笑。

一个男子每天被老婆和丈母娘家暴，于是每天拿着《道德经》，逢高人就讨教，逢低人就教化。

穿长衫的男孩：男人说他是伪君子，电热水器上盖着斗笠。女人也不喜欢他，认为做作，可以集体作伪，自己独穿长衫就是标新立异。我倒觉得无所谓，他只是个有点恋母的孩子罢了。

赵，一个聪明绝顶的了不起的女人，某大公司的老总。浑身湿疹而且溃烂良久，唯独面容姣好。曾悬赏 10 万元找能治愈她的医生。和我交谈半小时后，决定让我帮她。

你凭什么认我啊？

你丫哪是医生啊（她每句话都要带脏字），你是艺术家。医生拿我没办法，我的病只有艺术家能治。

一句话就让我爱上她了。

她让我医技大进。每天一个变化，最后彻底治愈。她从不读书但天赋异禀，她居然用"翻身道情"体写了很多诗赞美我。

一个当年的高考状元在毕业 20 周年的照片里像个老嫖客，而且满脸的不平和贪婪。

一个男人醉后的名言：我真心爱所有的人啊，可所有的人都以为我想跟他们做爱！

哪里没有暴力，哪里没有性啊！生活，有时比电影还"雷人"。

这世界真疯狂。男人无论如何都寂寞，我真的看不了他们哭，但我也真怕那时的突然的冷漠……

这世界真的有点……疯狂。

某：思之不得，见之不能。

回：时过境迁，不必再见。

某高官，可以倒背《论语》，才思敏锐，性情沉静，酷爱古琴，已学琴一年，左拇指指甲有裂痕。每晚要花两小时抚琴、吟诵。由此始信，精英在政府。

其友，某企业老总，其貌不扬，性格温和。在临别时赠送我一本他写的狂草，笔力遒劲。我愕然在黑暗中，为能遇到城市里的隐者而感叹良久。

我好友，某企业老总，立志活到 200 岁，每早站桩 1 小时，打太极拳 45 分钟，每天 1 根海参，每晚学习《黄帝内经》3 小时，雷打不动。在冬至前后开灸中脘、关元两穴，直接疤痕化脓灸，用寸长的艾条，精准到每次烧灼 6 分钟……如此这般，已坚持 3 年。我自愧不如。

在上海遇一奇人。此人又高又瘦，几年前被医生诊断为肺癌晚期只能活 20 天，母亲姐妹大哭时，他转身走了，和女友去公园晒太阳，从此再没去过医院，现在还好好活着，就是工作压力大，头上有块斑秃，圆圆的，鸡蛋大小……

按脉象看，肺部有钙化。他说死亡没啥，从小家对面就是太平间，儿时的游戏就是藏在死人柜子里。在日本打工时他做过搬运尸体的活。在他眼里，活人和死人的区别就是一个热，一个凉；一个喘气，一个不喘气；刚死的人身上没味，时间长的有味而已。他对死亡的态度令我的心一下子沉静了。

目前，他守着一个每天狂跳西班牙舞的 74 岁的老母。每天工作 12个小时。皮带上都是铜锭，皮鞋粗犷精美。无妻，有女友，但和女友生活的时间不能超过 5 天，女友一唠叨，他转身就失踪。从脉象上看，他想女人，但不需要女人。

在上海这么精致奢华的城市，有这么个人，很另类，很好玩。

下次去上海，一定还要见见他，和他吃顿饭。这是个老天不收、鬼神都怕的人呵。

补充下：现在这人还好着哪！好多人喜欢他的故事，说能给内心带来沉静。

● 婆婆语录

婆婆因头脑清楚，被众儿子奉为"牛黄上清丸"，故名孙上清。她今年 82 了，我是长媳，每年她都跟我生活 8 个月，夏天最热时，她便回哈尔滨避暑。一想到每年要吃 8 个月婆婆做的饭，就心存感动。

她是西医的拥趸，每当家人小恙，她就开始当孙大夫，但所有的设想都被我笑眯眯地婉拒，今早终于忍不住说了我一句：哼，我说的你都不信，就信你那三根葱！哈哈哈，到老了，头脑清楚而又不招人讨厌，实为难得。

家有东北婆婆，家里就渐渐地有了酸菜缸、酱菜缸、泡菜坛子，院子里就有晒的萝卜干、大葱、白菜，饭桌上就有大酱、好吃的凉拌菜和大馇粥。再有个头脑特清楚的婆婆，那家里的电话就多了，她得给天南海北的亲戚指点江山，管人家生死，管人家婚姻，管人家儿女，晚上还得给我们分析国家大事，她是我们家的董事长和牛黄上清丸。婆婆也是双鱼座，特别会说话。

这世上，最有福的是婆婆，有恩爱公公，有三个儿子问寒问暖，有三个好儿媳垂手而侍，有孙子孙女甜言蜜语。不必垂帘就可听政，但求稳定不求发展。日读《知音》《女友》以及各类晚报，引经据典博古通今，不许吾辈有任何非分之想、非分之为。且明察秋毫言辞幽默，每每令吾辈喷饭，一笑就解了千愁。

先讲婆婆两件事，你们就会惊为天人了。

婆婆白净，个头不高，年轻时，工厂来俄罗斯专家，都是婆婆上台献花，可见当年也是美女。她生了3个儿子，每个都8斤多，而且都是在家里生的，坐3次月子，每次吃1000个鸡蛋，每天45个，每顿15个。每次月子还要吃5只鸡，几扇排骨！！！现在若不是怕胆固醇高，婆婆一次还能吃三四个鸡蛋。于是婆婆顿时如巨人般伟大了，难怪现在依旧头脑清楚，性格开朗，气势如虹，看来能吃是真养人啊。婆婆说关键自己一辈子没受过委屈，老公疼，儿孙爱。可我还是搞不明白，这3000个鸡蛋咋吃啊？

另一件事发生在两年前我们自驾周游全国的路上。已经开了 600 多公里的先生有点疲倦了，说：就远远儿跟着前面的车慢慢走吧。坐在后排的 80 岁的老婆婆说：哦，那辆啊，是苏 DN8500 啊……顿时，我们全体激灵了！老公说这得去证实下，于是加速。副驾座上的儿子也马上端起相机拍照，可拍了半天也还是看不清……儿子说老奶你是克格勃啊，追上去一看，一点没错，是苏 DN8500。然后全体大笑，为国之不用老奶而深表遗憾！哈哈哈。老奶说这车在她旁边一闪，她就记住了。牛啊！我是惹不起了，只有供着的份儿！我说我就是离开您儿子，也得带着您！

某天，婆婆告诉我：昨日看十八届四中全会，看见某人却怎么也想不起他名字了，当下就把七大常委挨着个捋了一下，可还是想不起他的名儿，你说我这是不是要老年痴呆啊……

我笑出了声：哪能呢，第一，我都不知是十八届，第二，我也不知有七大常委，您比我还明白呢！

婆婆说：不行，今年渍酸菜一定让你老公跟着我，咱一步一步按程序走，让他记下来，万一明年痴呆了呢，咱得防患于未然！

早餐桌上的对话：
婆婆啊，明天电视里放《追捕》，你怀下旧呗。
唉，纪念高仓健啊。从那时起，就大叔配萝莉喽。
一霎时，吃进我嘴里的鸡蛋就又滚出来了。

婆婆啊，有人笑我傻呢。
婆婆说：傻就傻点儿吧！人奸没饭吃，狗奸没食吃。

婆婆每天都要到我的画室溜达一圈，把每幅画儿都详细端详一番。我问这幅画的啥啊？婆婆说战士。那幅呢？鹰一样的女人……真是知己和首席评论员啊！

我：婆婆，那谁和谁要离婚呢。

婆婆：那你有空劝劝他们吧，小地方人没见过大阵势，成天在瓶儿里咣当，还盖了盖儿，除了晕，整不明白啥……

哎呀，难怪大伙都夸您哪，都盼着您出山讲一课哪！

婆婆羞得笑开了花儿，又语出惊人：哎呀我哪成！你告诉那要离婚的，砍的哪有旋的圆？！守着原配，好日子在后头呢。

我吓唬她：谁说的，就我这性情，跟砍的旋的都能过好。

她说：你啊，天老爷给了个绝配，没有他的默默无闻，你再性情，也得麻爪！

全家自驾至南昌青云谱八大山人纪念馆。画画儿之初，即习八大，对朱耷极为敬仰。莫名其妙，一进纪念馆，我就泪眼汪汪，直到婆婆两个行为把我逗笑了：一是看我专注看八大真迹，婆婆掏出 600 块钱，说我给你买了，一呢，你终生受用；二呢，我也给你留个念想……（好感动）

二是看八大山人墓时，婆婆说：这墓真大，还真能装下八个人……

哈哈哈，再精明的婆婆也终于有整不明白的时候！

走到凤凰古城那天，正好是情人节。我说请 80 岁的婆婆在凤凰古城的河岸边喝茶，婆婆嫌贵，但她没直说，只说她怕水，怕掉河里。于是我 16 岁的儿子坐到她外面说有我挡着您呢。一路上都是他牵着奶奶的手。

我这个小情人啊，又得照顾奶奶，又得护着他爸，又得哄着我……简直操碎了心。将来娶了媳妇，只怕是再多一分呵护。

我要出去会客，先戴个蓝围巾，婆婆说：像修女。又换条花的，婆婆摇头，于是又换了条米色的，婆婆说：就它啦！我儿媳妇儿，没挑儿！

何以解忧？唯有婆婆！于是又蹦蹦跳跳出去喽，知道回来就可以吃婆婆剥好的松子。

我不炒股，但每天傍晚都能听到 80 岁婆婆和某人讨论股市，乐死个人。

婆婆满嘴词儿啊：今儿是 M 头，还是 W 底啊？让我看下图形……牛市要系紧安全带啊；咋的，你这是要松了安全带跑路啊……我估摸了，明天什么什么要冲高了；什么什么要除权了……

哪个儿子股票跌了她都着急，哪个涨了她都高兴。其实，她自己在股市里就 8000 块钱，还都套着呢！

某人中了三签，婆婆说：知足吧，有毛不算秃啊！我说要没中呢？她说：癞蛤蟆没毛，随根儿啊！我说下周要振荡呢？她说：不怕振荡，就怕鬼子进村，扫荡啊！（大伙儿已经笑喷了。）那股市上一会儿赚一会儿赔的人咋说？婆婆说：是青春就得锤炼啊……（全体彻底笑抽。）

刚才跟某人说：今儿是 520，你要怎么表示？

婆婆在旁边说：520？是要纪念毛主席说的话吗？

我说：咦，毛主席说啥了？

婆婆说：520，毛主席说一切帝国主义都是纸老虎！

顿时，全场笑喷！

婆婆：今天几号？

某人：16。

婆婆：唉，明天美联储加息。

某人：哎呀，您连国际形势都关心啊。

婆婆：第五次加息了。跟咱是没啥关系。

我要去医院探望产妇。

婆婆：去看产妇可不能带钥匙。

我：为什么？

婆婆：会把人家的奶水锁住的。

好吧，我光腚去。

婆婆把我写的《诗经：越古老，越美好》读完了。

说：早先觉得《诗经》特神秘，经你这一解释，觉出它的单纯美好。你说你咋这么会写呢，估摸着大伙儿看完都会谈恋爱了……

我说：哪天没准儿还写本《婆婆语录》呢。

婆婆感慨：落了套啦！你说这好日子，我要是 30 岁，多好！

刚跟在哈尔滨避暑的婆婆对了个话。

婆婆：前两天被一辆车怼了下。

我：啊？没事吧？

婆婆：没事。司机一边倒车一边说话，没瞧见我。

我：嘻嘻，没被人认为是碰瓷啊？

婆婆：哪能？真遭了罪，谁也替不了。人家一大家子非陪我去照CT，弄得我很不好意思。

我：有问题吗？

婆婆：没，就是有点腰椎硬化，那也不是人家的事儿。人家吓坏了，谁敢碰80岁老人啊。

我：嘻嘻。他们算碰上明白人了。

婆婆：可不，他们说我厚道。我说你好我好大家好才是真好。

我：奶奶就是牛黄上清丸！可不能乱走了，都反应迟钝啦！

婆婆：啥上清丸啊，糊涂丸啦！

公公去世后，婆婆每言时刻不忘，言及必泪眼婆娑。

我说：80岁时，若有人爱我，必私奔一回。

婆婆言：晚节何在？！

婆婆要睡了，怕蚊子咬，招呼她儿：来，用电蚊拍到我屋里胡噜胡噜。

她儿子说：您寻思我是道士啊，一胡噜蚊子就跑啦？

婆婆说：你比道士强。

儿笑呵呵，进屋胡噜。

柿子已掉了10个。可树上还有几十个呢。等婆婆来了数。去年结了76个。今年的石榴也丰收，也等婆婆来了数。

婆婆每次告诉我月季有多少花骨朵，树上有多少颗柿子，多少颗石榴，我都好奇地看着她，觉得人老了，咋都爱数数呢？我姥爷，当年就是拿块手表，数秒。

● 曾经同窗

　　Z 来电话了，我的眼里又出现了她的一口大白牙和爽朗的笑容。她的一生能让人笑出眼泪。她是我大学同学里第一个结婚的女孩，也是第一个离婚的女子，离婚时她肚子里怀着女儿，今年，上大四的女儿把男朋友领回家了。她说这事很重要，她要把他们的照片拿给我看。她是笑着说的，可我的心为她伤痛。

　　再美的女人也怕迟暮啊。

　　她的故事是从一场舞会开始的。一个情场老手盯上了她，几次约会后，他把她睡了。没想到这女孩挥舞着床单回到我们身边，并大笑着宣布她不是处女了……我们知道事情有些严重，于是便找那男子谈话，那风流的不想结婚的男子就这样砸在这女孩手里并结婚了。当她怀着甜蜜的心情和甜蜜的孩子在屋子里给男人织围脖时，她发现男人正在走廊里和别的女人抱在一起。

　　就这样，她独自过了一生，带着一个和父亲长得一模一样的女孩。今年，那男子 50 岁时娶了一个 20 岁的女子，并生下一个男婴。而她，本想在女儿上了大学后解决自己的婚恋问题，却发现迟暮男人在乎的已不是女人的美貌，而是女人的年龄。

　　他是个丑男，总盯着美女，天天把他的所谓深刻、深沉，强行往美女们恍惚的头脑里灌输。

关键是人性，是否高贵，是否真诚，是否阳光。

君子就是明人不做暗事。那女子每当对婚姻绝望时都会对丈夫说：我明人不做暗事，我要去找情人了。于是她丈夫开始笑着宽慰这小女人。会叫的狗不咬人啊。

他的妻子叫他"乖"，爱他，给他洗脚。他也依恋她，每天都给妻子电话，说爱她。

也有外面的女人爱他，说是他前世的妻，逼他离婚，他快气疯了，关键是那些前世的妻都丑得要死。

有一中年才俊，太极拳打得好，歌唱得好，生意做得好，更可贵的是，每日给老婆写一首情诗。每每在生意场上被女子纠缠时，都会给老婆发短信说：不好了，老婆，快来救我。于是，又矮又胖、长相又一般的老婆就到场了，两人便一起回家。后来有女子说他试图勾引她，我不信，还怀疑是女人自作多情。可某一年，听说此人英年早逝了，葬礼上来了几个女子，都说是他的情人，但他太太却极镇定，一滴眼泪没掉，带着三个不大的孩子处理完丧事，从此不见踪影……

● 五篇微小说

| 微小说 1 |

他和她，犹如武僧遇到道姑，街头邂逅唤醒了爱情，于是还俗似的欢天喜地了几年。可是有一天，两人又好像听到了原始的召唤，于是忙不迭地跑出围城，武僧功夫已废，只好卖药；道姑跑到海外，用跳舞给人治病，据说非常灵。10年后，他们又在街上邂逅，无语。女人跳了段舞，男人突然恢复了功力，飞檐走壁而去。

| 微小说2 |

某男欲弃女友，心惧且软，久而未决。庚寅晨，女突然提出分手，男心中狂喜，假露悲色而挽之，女决绝。男故作沉重而去，至街而雀跃，与飞来一车相撞，手足缠绕绷带而住院。女推门抚僵躯而大哭：没成想郎如此不舍而决意自杀！既有郎心如此，妾也当誓死相守，不离不弃！……男闻言以手扼颈，有立死之心。

| 微小说3 |

一悲戚恍惚女登门求助，总疑有人跟踪。医断以疑病，女离去。午，医餐厅用餐，转身之际突见此女，女目露惊惴。下班又瞥见此女在马路对面，医心不悦，急打车与女反向而去。十余里至家，昏暗中又见此女在其前登楼，医惊悚不敢前行，开始疑惑此女所言是否为真，所谓跟踪者，医也、女也？

| 微小说4 |

某高僧喝酒吃肉娶妻。底下小和尚不服，凭什么你不守戒律，而要求我们守戒律？！一日，高僧以一盘铁钉示众，然后一个个嚼碎吃下，曰：汝辈若能如此，也可喝酒吃肉娶妻，不能，则通通给我闭嘴！

| 微小说5·杀生记 |

子时睡下，蚊嘤于耳迹，怜之，伸一手于被外以饲蚊，顿时无名三焦手指两包刺心，恶蚊不饱，又嘤于耳……杀心顿起，起身、亮灯、觅之，见其贴于床头墙上，用力拍之，顿时黄泉路上又多一飘零。复卧之，听窗外蟋蟀啾啾片刻，渐入梦乡。

❸
常随众

————◇————

　　薇薇安是个超可爱的女人，管理着一个有名的基金。她听我讲课讲到她心坎时，就高兴地使劲拍打桌子，自从听了我讲的《诗经》后，她就收不住了，一直诗意盎然，出口成诗，而且都是四言的。上一次她来京时，被朋友拉去学唱歌，当男老师用一个小魔勺抵住她的嗓子时，她感觉一向冰冷的子宫开始涌过一股暖流，于是潸然泪下。

　　朱先生，硕士论文居然是星相学，喜欢神秘主义的东西。他是第一个肯向未来的母系文明示好的一位先生，参加了一次我们女子俱乐部的茶会后，他说：把我算成你们的一员吧。

　　仙儿，是个根性绝佳、相貌绝佳、生活品味也绝佳的女人，头脑反应之快、语言之犀利，非常人所能比，是金牛座里的极品。但她好像缺少男人缘，也许她太通透了，太通透的女人，男人有点怕吧。在我认识的人里，她是活得最明白的一个，这么说吧，我犯糊涂时，只要一想起她，一想到她会怎样批评我，我脑子就会清醒一些，问题同时也就烟消云散了，由此可见她的明白可以隔空教化……同时，艺高人胆大，原本学西医的她，在了悟中医后，成了最坚定的中医维护者，并多次用中医手段救回垂危的老母亲，令周边人极是佩服。

和她在一起，她学到了我的收敛光芒和柔和，兼之原本秉性的仗义和局气，所以有了越老越可爱的样子，可她的犀利尖锐我却总是学不到。事后也明白了，每件事，无为有无为的结果，有为有有为的结果，结局不重要，关键是要尽了兴。所以她总说：您可着您高兴随便说，反正，最后这儿有帮您兜底儿的……

燕儿是个令人惊艳的美女，有多美呢，大家看过《西西里的美丽传说》吧，那个美女一出来，整条街的人就都出来了，只为了看她……燕儿也是这样。燕儿呢，太阳星座在白羊，月亮星座也在白羊，所以她就是直通通的一个人，而且脾气急，动作快。有一次，大家嘻嘻哈哈地说要办一场演唱会，没想到她出门就把剧场订了，然后又催促我们订服装，订练习唱歌的音响室……弄得我们这些说话不算数的人面面相觑，全体傻了眼。

她说：白羊眼睛净，一眼能知道什么是好，什么是坏。这世上知道什么是好东西最重要。自己身子弱，一开始就要屏蔽不好的东西，见到不好的马上翻篇儿，人生苦短，耽搁不起。看到好东西，就舒舒服服地趴在上面，不较劲，如同波浪之上寻得一大块浮木，这种随波逐流，便是天大的享受。

如此简单通透，最难得。

其实，她就是我在《生命沉思录3》里写的那种灵魂没有皱褶的人。

原话是这样的：这世上，如果能被灵魂没有皱褶的人爱过，才是爱的极致。因为太多的人多多少少都在那皱褶处藏了世俗的污垢，让爱打了含糊和折扣。前者单纯、高贵、大气，面对这种天使般的爱，我们起初是受宠若惊，然后便是安享，但很少有人学会珍惜。当天使悄然离去后，我们就是悔悟后去追，也是追不上的，因为灵魂太重、因为没有翅膀。留给余生的，只是想起来就痛、念起来就老的……无法言说。

下辈子，下辈子我们都干干净净地来，和干干净净的你，美美地过一生。

明姐本来是来看血压高的，可一见面就稀罕上我，非要拉我去她家。你了解我，我不是轻易跟人走的人，可她身上有一种奇妙的吸引力，不容你拒绝……后来我发现，去她家是她摄魂夺魄的一个手段，只要被她拉回家的人，几乎都没魂儿了。

最后，在京城的边上，一片黑暗荒野中，矗立着一片金碧辉煌。姐指着那儿，说：瞧见没，那儿就是我家。这令我有种穿越的感觉，好像《聊斋》里的书生在雨夜投宿到了一个仙境般的地方，而第二天醒来时才发现一切都是荒冢。我心里开始升起巨大的不安，想给家人发条短信，可姐用温润的、厚实的大手抓住了我的手，说：别怕，姐不是鬼，姐只是想请你这个神仙来姐这儿认个门儿，以后好常来常往。我只好硬着头皮说：没事，谁让我今儿闲呢。

姐呢，绝不是一般人，尤其对钱有吸星大法，姐只要一忽悠，就有一帮人哭着喊着把钱交给她，还唯恐她看不上。她不仅可以吸钱，而且也吸人。她谈钱的方式不招人讨厌，比如她几次跟我说：神仙妹妹啊，姐喜欢你，咱们在一起多开心啊，要不你开个价呗，一年要多少年薪？别干小诊所了，跟着姐，姐虽然不懂诗，但姐有钱，可以带你去看诗和远方……

　　说实在的，我也喜欢她，喜欢她狂野背后的极度羞怯、喜欢她气壮山河的气魄，她身上有我最缺乏的东西——无节制的创意与贪婪，以及永不消失的激情和干劲。

　　雪儿是个可爱的女子，她花了将近 100 万去听各式各样的课程，就为了悟道。后来她到了我这里，总给我买黑色的衣服和蓝色的道姑鞋。我和她去过一次高档商场，那里的销售小姐们一见她就笑逐颜开，钱是她手中的流水，不花不痛快。

　　她丈夫总是依恋地看着她笑，但不能忍受她随时随地地煲电话粥，并奇怪她总有使不完的激情，每个电话都是不同的话题，而她对每个话题都有激情和发言权。看来，学没白上，书没白读。

　　媛儿是"海龟"，她丈夫是"土鳖"，但他们是我见到的最恩爱的夫妻，妻子崇拜丈夫，她对丈夫宠爱有加、言听计从。他们开了个珠宝店，每天高高兴兴地设计珠宝，并专门给我设计了一款"寿"字金珠，很美，很大气，很圆满，就像他俩给我的感觉。

　　我身边有好几个崇拜有才学男子的女人，但生活大都不幸。媛儿是特例，她一定是把母性和女儿性均衡得极好的一个，而且她快乐、独立。

　　筱筱是上天赐给我的美丽女孩，是我上山采药时轻盈的小竹篓，是我烹茶时的童子，是我弹琴时轻灵的舞者……

　　有时候，真害怕她们老去，真怕看见她们身材臃肿了，并俯身给孩子擦鼻涕。

就让我一个人腰身变粗吧，让她们永远美丽年轻……

我永远无法想象，如果我有个女儿，我会如何跟她相处，我惧怕她遗传我的桀骜不驯、冷漠和不可遏制的激情。但女学生就是另一回事了，我可以疼爱她们，而不必从她们身上发掘自我。不高兴时我躲在楼上，任她们疯，任她们闹，不一会儿，我就高兴了。

儿子，对女人而言，是外面的世界。只要阳光灿烂就好，只要胸膛宽阔就好。

2011 年年初，12 岁的儿子去了冬令营，我们第一次给他配了手机（小孩子一定不要给智能手机，只能用可以打电话和发短信的就成），勒令他每晚发短信报平安。儿子的短信简洁得令我发晕，我一个劲地跟他表达爱意，他冷冷地不理不睬，比他爸还硬：24 日，早饭已吃，昨晚平安无事。25 日，在上课，很好，无事。26 日，课已完，无事，将洗澡！妥。

27 日，在他爸的嘱托下，多写了几句：妈，课上完了，没事，晚上睡觉没掉下来（他住上铺），伙食也不错，上课很专心，快睡觉了。收到后不用回了。886。

我下飞机时，一开机就看到他的短信，明知他不会理我我还是回了：妈刚刚降落回到北京，你的短信比爸的还简洁清楚，让妈狂崇拜你和爱你，晚安宝贝。

龙，呼风唤雨的龙，就是这样被小兔子欺负的啊。

老公，是降妖镇魔的宝塔。我，就是那宝塔之下被镇压的精灵。反抗与臣服是我修炼的双拐。总有一天，那塔，会在风雨中剥蚀；而我，将托灵珠现世，口吐莲花，把思想变成经书和诗文，雕刻在象牙的内壁……

（四）

城
南
旧
事

◇

● 老巫婆

李奶奶是个慈眉善目的巫婆，她就住在我家隔壁。她白天拉着我做这做那，晚上就向我母亲告我的状，好让我妈拿扫把揍我。

终于有一天我躲在她家幽暗的壁橱里，决定等她开壁橱时吓死她。那一天真漫长啊，我从门缝里看她拐着小脚一趟一趟一趟地来回走动，就在我等得快绝望地睡着时，她突然打开了壁橱门，我反而被吓得尖叫，她也吓着了，三寸金莲腾腾腾地后退一直到床边，满脸煞白，用一根枯枝样的手指指着我……

那一瞬间永留脑海，那惊恐就此定格，一老一小，在黄昏的暮色里。

她是东北人，爱吃大葱蘸酱，每个中午阳光都洒满桌子，我站在一个小板凳上，眼巴巴地看着阳光下绿莹莹的青菜和白白的大葱，有时候她就招呼我一起吃，一边吃一边听她讲老年间的故事……她会讲如何救上吊的女人；会讲她少女时的同伴和我长一样的吊吊眼，说长这种眼睛的人很厉害。在楼里的女孩们刚刚来月经时，她会守在厕所门外，专门收集处女们的月经纸，然后把自己关在门里制作秘药。

她有好多秘药，有一次我不小心被开水烫了脚，她帮我把秘药涂上，连泡都没起。

她活了很久，80岁了还帮楼里的年轻媳妇带孩子，她带的孩子都特别结实，脸蛋都红扑扑的，而且很能睡，就这样，楼里有五六个孩子都是她带大的，但这些孩子长大后都特别爱出汗，而且不太机灵。后来有一个岁数大的女人发现了她带孩子的秘密，原来她往奶粉里多加了水，更加了安眠药！从那以后，人们就不再让她带孩子了。

这使她抑郁终生，并且很快衰老。我想，她还从那些孩子身上汲取阳气吧。

她一生都宠爱她的儿子，但儿子怕老婆，这让她常常难过，后来她儿子患癌症死了，她东北的女儿接走了她，又过了几年，听说她也死了。

我要预先知道自己后来学了中医，就该早早地把自己和她一起关在黑屋子里学做秘药了，一个小小巫跟着一个老老巫，想起来都让人打个激灵。小时候真是太贪睡了，也不知道她夜里飞不飞。

● 电影小说

她是一个拥有无数秘密的女人。

13个台阶，她像失去记忆的孤独的孩子，每天都数着数儿走下来，走上去，如同在计算命运，如同在计算她遥远的过去。有一天，她找到一个新方法，她决定爬过那些台阶，一群小孩好奇地跟着她爬，而且越爬越快……血从她的鼻梁滑下来，孩子们一哄而散。

那一年，她6岁。鼻梁用一块纸粘着，血不断地流向脸颊。一个巫婆样的老奶奶用枯枝似的手不断地拍打着她的窗户，她绝望地站起来，老奶奶看到满脸血，大惊。

医生用胶布在她的鼻梁上打了个叉叉，一个斜着的十字架。阳光刺痛了她羞愧的眼睛，她开始思考死亡——一个永恒的话题。为什么不能自杀呢？那一瞬间，她领悟到父母亲情是阻碍她自杀的根源，是她无法绝尘而去的障碍。她决定开始漫长的等待，等待那可以自杀的自由。

10岁的那年，她掰着手指头想着还有15年，才能获得自由，她哭了一夜。果真25岁那年她结婚了。为了获得自由，她没跟那男人谈情说爱，直接就嫁了。可那男人很好，她想她要是莫名其妙自杀了，那男人一定崩溃，一定觉得天下的女人都是疯子。于是她想等他明白一些再死，没想到，一等，就等了一辈子。

也是从10岁那个时候起，她开始做梦。每天晚上她都在地下防空洞遇到那个逃难的伟人，那时有很多防空洞，而且四通八达，幽暗而又潮湿，每次都是她在救他。这个梦持续了很多年，直到她情窦初开。

12岁那年，她游走在一个"土匪"和"秀才"中间。土匪一个劲地挖掘她的傲慢和娇柔，秀才则扼杀她对一切外在世俗的享乐，试图把她培养成清教徒。记得有一次她用一个红色的塑料蝴蝶结把自己的两根大辫子别在了一起，秀才在她上楼时拽了一下她的大辫子，说：那东西真难看……从那以后，她的头发上再也没用过任何饰物，连黑色的小卡子都会让她感到羞耻。

他们都大她6岁。当她和秀才一起读《斯巴达克斯》时，土匪用石头打碎了秀才家的玻璃。秀才坚忍地不许她回头看，就让那些碎玻璃在阳光下闪耀着。

地震了，她的床铺波浪似的摇。那反反复复被她救护的伟人也死了，她颤抖着忍住了尖叫。一种前所未有的热情在她身体里咆哮，她感觉身体里有一个更大的自己要跳出来，她在操场上那个巨大的地震棚中抱紧自己，害怕自己会"横空出世"。小孩子们围着行军床乱跑，大一些的孩子聚在一边在玩扑克，只有她自己，脸蛋烧得通红，绝望地望着远处的滚滚乌云，因为孤独而激动不已……

地震过后，天又漏了，下了33天的雨。学校也停课了，大棚子也拆了，人们还是不敢上楼，就又各自盖起了地震棚。土匪帮她在庄稼地边上盖了个简易的房子，并且每天都来，用黑黑的眼睛盯着她瞧。他不来的时候，她读鲁迅的《野草》。

他们都不知道，那房子下面原本是个坟场。每天，所有故去的精灵都在看两个年轻生命的肉搏——一个永远想占有，一个永远不允许被占有。

他们甚至没拉过手。有一次土匪恳求她安静地坐一会儿，好仔细看看她的黑眼睛，她躲开了，长长的黑发掠过他的脸，缠绕在他扣子上，她羞怯地拽着他找到一把剪子，把头发剪断了……

他们共同拥有了一把猎枪，当高大清秀的土匪教她打枪时，她能感受到他呼吸的颤抖。有一天，她躺在缀满梨子图案的被子里想：就这样吧，就绽放一回吧，让他碎骨机一样的身躯把自己粉碎……可唯独那天，土匪没来。傍晚时分，秋天的田野一片金黄，她倚在庄稼地边的铁蒺藜上想：命运，一定另有安排。

在上学的路上有一个窄道，所有的女孩经过时都要从土匪徒儿们的胯下弯腰走过，而唯独她不必，那些徒儿知道她是土匪喜欢的女孩。她身材高挑，皮肤黝黑紧绷，眉眼上吊，头发浓厚如锦缎般垂腰，是天生的压寨夫人的料。

土匪他们把人打死了（后来知道那人没死），他们要跑。那个黑黑的刮风的夜晚，如果他是骑马而来，她会跟他走；如果他是站着，她也会跟他走……但那晚，他裹着和他瘦削挺拔的身躯不相称的小小的黑棉袄，蹲在避风的墙角。

她转身走了，心被深冬的风吹得发抖。当自由真的来到时，你未必真要。

她刻骨铭心的没说过一个"爱"字的初恋就这样结束了。18岁那年的一个冬天的早晨，土匪意外地来到她的床边，特意用椅子背儿挡在他们俩之间，温和地看着她，然后告诉她他要结婚了，她拼命克制住身体的颤抖，脸上一直保持着微笑，他们就这样微笑着、和解地看着对方，最后，一个轻声说：那我走啦……另一个仿佛是他的回声：那就不送啦……

当大门关闭的时候，她快速地从床上爬起，她开始在房间里捡拾要洗的衣服，那天，她洗了好多衣服，甚至包括衣橱里的干净的衣服。自始至终，她的脸上都保持着那个微笑，只是为了让自己不哭。看着那些晾晒在院子里的湿衣服挂上了细小的冰柱，她还在微笑——不是早就知道了吗？你不是他的，命运早已另有安排……

（25岁那年，她和新婚不久的丈夫在街上居然邂逅了他，她笑着对丈夫说：你揍他吧，他不会还手，因为我小的时候，他欺负过我……两个男人都爱怜地看着她，然后都温和地一笑解了千愁。）

她一直紧紧裹挟着自我，一直回避着肉体的存在，她坚信自己就是游走天地之间的精灵。直到 19 岁那年，一个她倾慕的写诗的胖胖的女孩在浴室里靠近她，有点嫉妒、有点迷醉地用手指掠过她的小腹，"像刀削的一样平坦，"她说，"你美得像黑夜里的树……"

又有多少年过去了，她粗壮肥胖，对男人关闭了大门。但她的脸依旧瘦削甜美，只是不再幻想，不再有自杀的念头，犹如宽厚的农妇，她守着丈夫、儿女，和一大群朋友，守着偌大的房子，守着一院子的阳光……

偶尔地，一个念头会飘忽而过：要是 12 岁那年有个儿子该有多好。她甚至想象有一天一个高挑的小伙子来敲她的门，黝黑、瘦削，长得和她年轻时一模一样。她明白，她真不是一个勇敢的女人，真的不是。

第七章

在路上

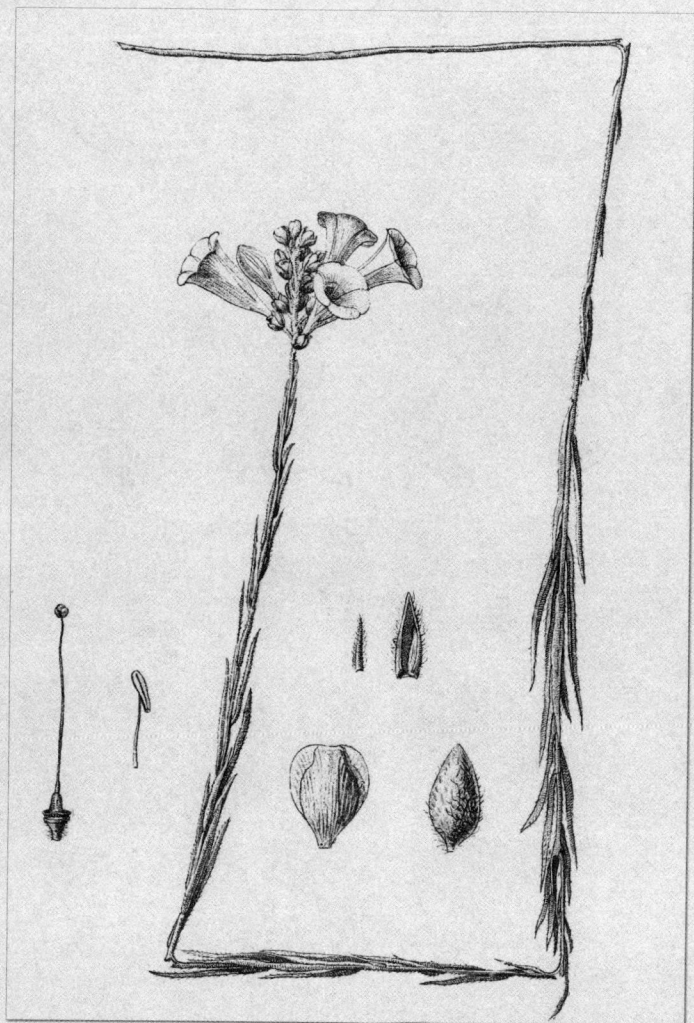

世界再怎么变化，人，还是离不开阳光、亲人、温暖的夜和孩子。这些，是人生的秘药，可以疗愈我们灵魂深处的伤。

那山，已经绵延了千年，那水，已经流淌了千年，我虔诚的脚步，不敢惊动你万年的封藏，只为百年前灵魂的约定，我必须上路，用石头堆成敖包，用树枝悬挂经幡，让风吹动我纯净的心念：Om Manipadme Hum！

　　守护着，遨游着，在雪山之巅，在山野蜿蜒，背着行囊，人生就在路上，不过百年……觉悟着，念护着，把我们放逐，在山水之间，一次灵魂的行走，一片良知的心田，人生就在路上，轮回百年……

　　如天空之深邃，如大地之富饶，一路走，一路歌，天赐我智慧，必给我欢乐！

　　人就像树，会让时间在身体上打下烙印，会重塑，沿着风的方向，朝向太阳的方向。要谨慎而耐心地活着，慢慢积攒年轮的力量。要学会在冬天飘零树叶，沉寂地活着，要学会等待，在三月的时候，生出新的枝芽。

一

心随境转

◇

男人喜欢车，且有准确的方向感，是为了快点跑吗？女人大多缺少方向感，在立交桥上上下下盘桓、迷糊。是沉醉，还是在碾压实实在在的生活？没有人知道。在经典的镜头里，总是男人在握着方向盘，眼睛坚定地盯着前方，但只是车灯所能照见的那一块前方；而他身边的女人，眼光迷离，渴望窗外的山脉、云雾，和田野里零星的房屋……这，是她的另一种生活。

男人的渴望是"在路上"，女人的渴望是一座房屋，并且面朝大海。所以，他们之间的对话永远有点"无厘头"，在呐喊与低语之间，在谵语与冷漠之间，所有人的人生，都被物质的金钱和精神的不懂耗尽了、消费了……呜呼哀哉。

游历，不过是在黑夜里穿越黑的城市，在陌生的房间点亮陌生的灯。

独自在陌生城市的夜里散步，给叫不出名字的树照相。我给你照了相，你给我一瞬香。

无论走到哪里，我都觉得自己是个……局外人。

风景越美，心越孤独……

刚从杭州富春山居回来。那里的美与静、木船和笛声让人觉得不穿飘飘的衣服、不是青春年少都是一种罪过。可惜不会上传照片，也不会用手机上网，嗐，辜负了良辰与美景……

照片拍不了微风、鸟语和静谧的心情。照片，是一种遗憾的艺术。

漫游，就是让历史的时光在你的眼光和指缝中游移……

风水：就是那风、那水。

就是你无论生还是死，都有山如龙，水如龙，那么盘绕着你，还有阳光……

那佛像真高大啊，当我在一个高高的昏暗的阁楼触摸到他众多的、有裂痕的手臂的时候，我因受到震动而流泪。

哪只手臂是接引我的啊……那一瞬间，既想逃离，又想被他环抱而沉睡……

● 寻根

传说我的祖先是从云南到山东文登的，说是古代的伊兰族人，我问过彝族老虎族人的头人，他说：伊兰是"在水一方"的意思，和老虎族人是通婚的关系。

后来一遇到云南人就问他们我是伊兰人吗，他们都说是。最后才弄明白"伊兰"是"夜郎"的发音，原来我是夜郎人哈，有点恍然大悟的感觉。

所谓伊人，在水一方。美且忧郁，我喜欢。

那个有帝王之相的老人问我：你信奉爱情吗？

信奉。

你的生命有爆发力吗？

有。（可以像旋风一样，但持久力不够，会突然绝望地退出角逐。）

你热爱自由吗？

是。（因为太热爱，而甘愿自我禁锢。）

他的结论是：你是黑彝，是夜郎国国王的后裔。（可事后分析这些回答，发现非常"双鱼"。）

就这样，我明白自己为什么那么黑、那么野蛮、那么热情、那么绝望、那么孤独了。

我不是汉人，这令我困惑而又欣喜，我可以不那么在乎别人地活着，我可以不那么处心积虑、志向高远，也不必那样焦灼地为后人积累财富……只要有座高山，有碧水蓝天，有篝火和一个牵着狗的英俊少年，我就可以自由地活着。

可是我现在的心还是被同化了，充满畏惧、苦难和无名的焦灼。

我一直不明白，一直在历史书里寻索：我是怎样从那座宫殿中出来，一直向东、向北，大海又是怎样阻隔了我继续的逃离……

我为什么要逃离我的亲人？是流浪的心，还是修道的心？太久远了，连我自己都不知道了。

文登，相传秦始皇来到东海边上，召集了 100 个文人、100 个武将登上昆仑山为自己歌功颂德，为自己祈祷。莫非他那时也和我有同样的焦灼与困惑？

某天看央视四套的一个节目，说文登是上古人祭祀太阳神的地方，最早的星占历算也从那里来。终于明白自己对太阳膜拜的潜意识来源于何处了。一直渴望在太阳里行走，在大学里写过一个女孩追寻太阳而坠入虚空的唯美的剧本——那，就是我远古的精魂吧。

《山海经》中记述过一个叫"女丑"的女巫，她因为祈雨不成，而被民众曝死在太阳的毒热里。她身着青衣，用手臂把自己的脸掩住了……我知道那就是我，我明白她的所有痛楚，因为我知道，我曾经那么燔灼过，我无法让阴云遮蔽它，我掩住脸，只是不想让人发现我在这种燔灼下的狂喜……

《山海经·大荒西经》："有人衣青，以袂蔽面，名曰女丑之尸。"

《山海经·海外西经》："女丑之尸，生而十日炙杀之。以右手障其面。"

在远古，女巫只是祈雨的吗？如果太阳是她的情人，她该怎么办？她该如何在爱情与义务之间抉择？

我是否应该忏悔，为我的远古的激情？有时，我为自己如此上千、上亿的年龄而略感羞愧，但我真的不后悔。从远古的夜郎古国就这么一直向东吧，追着太阳……

另一个追日的夸父，是我愚蠢的兄弟吧，他一直向西跑了。

● 和一个出家人的短信来往

净慈："我是出家人，真的。我很想跟您谈谈。我喜欢静。很早就听到您在电视上的课，感觉您的性格和人品都很好，所以想跟您做朋友。我喜欢《黄帝内经》，可是悟不到。我每天念《妙法莲华经》，打坐，再跟师父谈谈佛理，不断完善对出世法的理解。

"过两天我要去四川山区。您讲得很好，因为您是按古意讲的。打扰了您清净的生活，很抱歉。也许我们会见面，也许永远不会，但我永远祝福您。

"噢，忘了告诉您我的年龄，29岁，属狗。小学毕业。有些关于疾病的问题可以问问您吗？"

第二天，我在晨光中等车时回了他短信："早晨好，祈望你勇猛精进，一切疾患会随空而遁。"

净慈："没想到您对佛法有如此深的领悟……苦是不会短的，我心望您离苦。

"2009年10月我去过北京，每天都在街上走一走，想碰见您跟您说说话，能联系上您很高兴很高兴。"

他也许是个寂寞的、多情的僧人，他还会来的。

6月19日深夜

净慈："请问您，任督二脉的运行方向？"

我："任督二脉都从会阴起，任脉在身体前上行，督脉在身体后上行。上交于鹊桥，一为牛郎，比喻督脉有劲；一为织女，比喻任脉绵柔。你多实修，将来体会会比我深，晚安。"

10月某日

净慈："我是那个您不愿回信的僧人。我在亚青寺，这里没水没电，海拔4000米左右，在住宿的近处有块草坪，每天我们三万多人在那个地方坐八九个小时，但是为法我们都很欢喜。跟您说这些只是当您是好朋友，虽然您很忙，但您是为众生保健的人，也要注意身体啊。"

我："哪里有不回您短信啊，再说修行人也不该有怨气啊。其实有您的信赖和抱怨我也挺幸福的。想象着你们的生活，仿佛自己也在那高山之巅，也有法喜啊。"

净慈："呵呵，我没怨气，只是跟好朋友的谈话方式。在这里一天之内能感觉到四季的气候，他们（藏人）说话我听不懂，但人很真诚，我要去挑水了，看见回信我很欢喜。"

2011 年的春天，净慈来了，一个文文弱弱的年轻僧人，有点近视，老眯着眼，但说话干净、舒缓。我们先在会所里喝茶聊天，然后我请他吃素斋。在下午的阳光里，他念《大悲咒》给我听，那一瞬间，我觉得周围无数生灵也在聆听，然后一切又归于清静……唯有茶水澄净。

他离开后发了条短信："性格爽朗而不失细腻，智慧而又幽默的你，在你身边感觉很舒服。"我给他回了个微笑。

二

出
离
的
心

◇

● 云贵印象

到了昆明，看到那些叫不出名字的绚丽的鲜花，我才知道自己一直缺失的就是这个，上帝没有给我一双发现色彩的眼睛，因为那个灰色的童年……7 岁的我孤独而绝望地站在阳台的一角，望着远处灰色的楼房，无处逃脱，永生永世……在我的身后，一个比我大 5 岁的属猪的女孩正在犯羊角风……

我对人生的一切悲观、一切绝望都定格在少年的那个场景。一直有出离的心，一直又无法逃离……

5 月 10 号和黎叔去云南昆明，夜晚在公园看一个小孩恣意地舞蹈，突然知道自己的不自信源于什么了。童年，没有鲜花，没有色彩，没有音乐，没有湖水和众多的鸟类，没有声音，没有爱，没有眼睛没有耳朵没有嘴……只有孤独和紧张，还有潮湿的耻辱的夜晚，我浮游在自己制作的水洼中，到处是白色的墙，我用抚摸墙上凹凸不平的小坑来安抚童年……

雪儿听过我的故事后，每年都要带女儿去云南，她说一定要让女儿的眼睛从小充满美丽的色彩。

曾经一路雨，一路风，路过玉溪，了悟烟草是最绿色的、火性的植物，白天它们饱吸日照，夜晚在柔风细雨中栖息……

在贵州走了几天，去了花溪、遵义和凯里，昨晚在美丽的千户苗寨吃的饭，听苗族姑娘的天籁之音。那边太凉爽啦，深悟"哪儿的黄土不埋人啊"，人恐怕都有故乡情结吧，呼吸童年的空气，听乡音，吃从小吃的饭，就是美啊。

人人都有故乡，人人都有值得留恋的地方。

黄果树瀑布。雨雾之下我欲飞翔。

其实什么都没发生，只是心里走了一个故事。生活一定会继续，当然要继续。除非有一天，我命定的那个人出现了，但我真的会跟他走吗……

前往景德镇的三宝村——几年前来过——是开了很久的车来的，因为司机忘了路，久到都绝望了，心都像夜那么黑。当时也是个黏湿的夏天。晚上也不敢睡，因为被子是潮的，墙上还有大大的蜘蛛。我跟同行的人说，不睡了，窗棂外的夜色太迷人。

记得那儿的地面、墙上都镶嵌了瓷片。那些瓷片都半掩地画着男女的春。

● 生活在成都

四川，富庶，安和，享受。西藏，清苦，纯粹，虔诚。一个是成熟过后的无可无不可的智慧，一个是青涩的充满敬畏的深沉的追寻。二者，对我们活下去，并活得有意义，都至关重要，必不可少。

锦里、武侯祠、宽窄巷。生活在成都。

夜里，我和筱筱去吃麻辣烫，女孩美，夜色美，我们溜达着回酒店，在高大的围墙的阴影里，我们瞥见一个女人被一个矮小的男人拥着吃吃地笑，她的鬓边习惯性地插着一朵大大的鲜花。那一瞬间，夜变得有些寂寞和孤独。

成都的那个男人说话柔柔的，对生命有着超人的敏感。他曾告诉我成都有位奇人，把脉一绝，可以通过脉象告诉你什么时间得的病。这源于他收留过一个拾荒老汉，后来发现老汉可以在齐膝的雪上健步如飞，后来老人带他到山上，用九根细红绳拉了个立体的网，让他闭上眼，体会红绳最细微的颤抖……

在成都参加一个唯美的婚礼。一个单亲妈妈用抒情的歌声迎出身披婚纱的美丽女儿，我突然感动得热泪盈眶。

年轻时每遇问题，都要想一下自己是否正常，于是乎每每发现自己极为不正常。比如从不喜欢女孩子最爱的昭告天下的婚礼，而且看电视里的婚礼也生不出感动。总之我喜欢恋爱，但不喜欢婚礼，我喜欢隐秘的喜乐，但对昭告天下的情感充满畏惧。结论是，凡不正常，不过是说，你是天生的孤儿，天生的异族人，天生的外星人。如此这般，就受了这世界的欺负。

走着走着，天就黑了，走着走着，就岁末了。走着走着，生命就灿烂了，走着走着，生命就又黯淡了……

● 西北

延安。到的时候正下着小雨，已经是黑夜了，在小城市绕了两条街，找到了一个吃泡馍的地方，店很小，但羊肉非常香。第二天课后，我坚持要去枣园看看，看看毛泽东否极泰来、扭转乾坤的地方。枣园很有气势，我坐在毛泽东和江青住过的窑洞门口，享受西北透透的阳光。

然后，我又从雨夜出发，穿越绵延的、黑暗的秦岭，一会儿雨，一会儿又是满天的星，寂静的夜的高速犹如银河。我们直奔古城——汉中。

2010 年 9 月 13 日到兰州，一个黄河流经的凉快又美味的城市，那里的山都是阜，土山，没有树木。夜里去朱先生的"野骆驼车吧"，在汽车站的一个角落，到处是厚重的木头，还有大大的车轮，零星地坐着几个大胡子的抽烟斗的男人，我们静静地听着摇滚，喝着从德国带来的黑啤酒……出来时满天繁星，风也微醺。

第二天我要去一个叫白银的地方……这名字令人神往，不是它的物质性，而是它的亮度。

| 西北自驾 |　　在西北发烫的路上，蜜蜂不管死活地往车窗上扑，窗户上到处是蜂蜜，这让人时不时地闪过去舔一下的疯狂念头。

有的隧道有十几公里。有时候刚穿过一个，又进了一个，仿佛一次次地重生。

西北有些地方像北欧，比如连绵起伏的青草坡，但北欧缺乏西北的强悍。北欧太甜美了。中国的西北是戈壁紧贴着雪山，有着冷热交杂的倔强和任性：这地方水草连绵，但旁边也许就是戈壁，连个过渡都没有！有点像国人不可琢磨的内心，热起来可以烧死你，马上也可以冷到彻骨……其实，真不必有什么过渡，拿得炽热，扔得决绝，人生苦短，没必要拖泥带水。

走过荒原时，常想到《呼啸山庄》，想到希斯克利夫凶狠绝望的内心，想到那个分裂的女人，其实，有些女人就是这样：想尽办法和城里人结婚，一边享受着安逸一边又痛恨自己。同时又抓心挠肺地一定要和荒原上的野蛮人恋爱！

喜欢在路上的人，骨子里都有点叛逆和诗意，公路切割了大地，而你，在切割空气。西北荒漠地带的横风常常摇撼了车体，窗外的啸声会使你突然发现自己内在的静，你安静的身体正一路碾压而过，你忽然对戈壁充满同情：你的生命里，因为倔强、因为暴躁、因为愤怒，也曾榨干过水分，也曾刮过任性的横风，也曾有过戈壁。

在公路上疾驰，最能感受到时光的流逝，从早晨到中午，从中午到傍晚，可西北的傍晚通常在晚上 10 点半，当你想到京城的人都已经穿着睡衣洗漱的时候，你还在迎着强烈的落日奔跑，你的生命还充满活力，那种欢愉有点喜不自禁。在这边，生命是漫长的、悠闲的，不必急，回族人的大床都在路边的树荫下，那上面全是儿童、妇女和水果。所有的水果都甜甜的，一口下去，身体里顿时充满了糖分和能量，使你觉得可以不再需要爱情和金钱。

| **恩格贝小木屋** | 一个离鄂尔多斯很近的地方。晚饭后大家一起到沙漠边缘的一个水池边散步，突然被灿烂的银河迷住了，星空低垂，孩子们尖叫并赞美，他们躺下来，银河和巨大的北斗七星向着他们倾泻、奔涌……当他们起身时，在池水里又看到星河……这一夜，但愿他们不忘。

回到小木屋时月亮出来了，像冰片，在树丛中游曳……

约好一大早去看沙漠日出，可醒来一见天光已大亮，儿子的眼泪就流出来了，怨我没早叫醒他。我赶紧带他出去，沙子像粉一样细腻，波纹细腻清晰，有小鸟连续的足迹。我们也学它，光脚在凉凉的沙漠里走，儿子和大明走得很远，在无数的沙丘外的最高处，他们面向太阳坐着，我拍他们的逆光照，欣赏沙漠上鸟儿们细小的美丽的脚印……

早饭后，他们一行人又去沙漠了，去追骆驼队和在沙漠上写大大的名字。我依旧在前廊休息和看书。

人的一生，有亲人，有朋友，有旅途，多么惬意，多么美好。

● 令人忧郁的中原

南阳医圣祠：门脸很高大，里面没有朝圣者，一些现代的名医把名字刻在展示墙上，有张仲景生平图。附近有个酿造厂，味道很臭，但院子里的花依旧开着。

然后是诸葛亮的圣地，南阳布衣，三顾茅庐，更大更恢宏，而且人多，看来这世上怀才不遇的人多，精求博采的人少，每个人都希望自己的生命里有奇迹发生。

是非功败转头空。

这地方曾有谋圣姜子牙、商圣范蠡、科圣张衡、医圣张仲景、智圣诸葛亮，号称"南阳五圣"。

2008 年 3 月 28 日下午坐车去商丘，一路上，商周、鹿邑、周口、淮阳……这些名字莫名地令我激动感伤，绿色绵延的大地曾经金戈铁马，曾经遭受苦难和杀戮，曾经"虞兮虞兮奈若何"，曾经……所有的爱情、香骨、经卷、言辞、战车、战马、男人、女人都被尘封在这片土地之下，被农民反复地耕作，然后在上面结婚生子，过最普通的生活。

某个春天的 9 日在殷墟殷王城玩了一天，辽阔的土地，辽阔的心。

妇好墓。妇好是某个殷王的姬妾，但勇猛好战。殷王城便塑了个美女妇好像作为标志，在她的脚边有个出土的石像—— 一个粗壮、丑陋的妇女，有人说那才是妇好的真身。

无论如何，当时殷王很爱妇好，虽然给正妻的墓穴陪葬了最有名的大鼎，但比不上妇好墓里两个小鼎精美、珍贵。

玻璃下有千年以前马的骨骼残骸，是妇好的马吗？她出征打仗时，她丈夫在做什么呢？

黄昏时节，我在殷之高台上，感受中原的风……那一瞬间，我与遥远的年代相融，仿佛看到那终结了一个时代的绚丽的九尾狐狸——妲己，正和她的姐妹们在荒原上逡巡……

妩媚的，不仅是天空。

三

关
于
水
的
回
忆

◇

● 精致旖旎是江南

绍兴，很美的有着乌篷船和茴香豆及极香美的臭豆腐的小城，女人精致而辛苦，酒店中部是有水池的回廊，真正的水乡，小桥、夕阳。小城市的幸福指数一般都高，因为丑闻传得快，所以人都老老实实了。

2011 年 1 月 17 日，今天下午去温州。记得上次去温州时飞机上有一个农民团，起飞时他们鼓掌欢呼，降落时他们又鼓掌欢呼，叫嚷着我听不懂的江南侬语，我的脸、我的心不自觉地跟他们一起欢笑。那是个夏天，温州机场的风和太阳，令人目眩。

那是我坐飞机最快乐的一次经历，后来就基本坐头等舱了。头等舱是寂寞的男人世界，即便有女人，大家也不说话。坐头等舱，其实只是为了能舒舒服服地睡觉。

此时此刻，我在天上遐想，舷窗外绚烂的霞光即将消融在黑里，这是人无助的时刻，只能依赖机械的羽翼、飞行员，还得依从……命。

这世上，有几件事是必须独自完成的：1. 爱情；2. 修行；3. 忧郁；4. 觉悟。

而旅行，最好有伴侣，随时停车，随时拐弯，静默地祭拜上苍、土地，和甜美清冽的空气。

● 宝岛台湾

阿里山宾馆：这是日本占领时期建的六层小楼，我们住在五层，窗外是一个平台，据说四月开满了樱花。我喜欢坐在樱花树下发呆，和他们有一搭没一搭地聊天，眼睛看着远处的山岚和天。六层是蒋介石、宋美龄、蒋经国、李登辉、陈水扁住过的房间和阳台，麻将桌，六把宽大的躺椅，风柔柔的，天上星空点点，心也柔柔的，有点渴望这种空气、这种夜境、这种静谧下的爱情。

阿里山宾馆顶楼平台：蒋介石和宋美龄他们曾在这里打牌，我们在一个蒙蒙的雨夜坐在他们曾坐过的地方仰望星空，寻找北极星。在我们走后的那个雨季里，洪水淹没了它。

历史，也会被湮没……

阿里山日出：当太阳从大海涌上山峰，一个高个的成熟男人在那个寒冷的早晨几次对我说，他渴望来世做那棵甲木，每天都这样迎接日出……我内心伤痛这谶语，因为愿望……一定会变成现实。

在山林的深处有一个阿里山的女人曾经殉情的湖，我在通向湖心的栈桥上边舞边唱"良辰美景奈何天"，然后倚在栏杆边看鱼儿的交尾……

生命就这样被细碎的阳光切碎。

山里有很多巨大的甲木，它们上千年的年轮把我抛进绝望之谷——所有爱过他的女性都在他细密的年轮纹路中被碾如碎屑，又灿烂如繁星……

圆山饭店：它的大，它的方正，令人心仪，还有阳台上暖暖的台北的风。

台湾的很多地方常在6月的下午3点多下雨，途中常常这片云彩有雨，那片云彩没雨。

雨后的日月潭：到大涞阁酒店时雨恰恰小了，房间是面向湖水的。在千岛湖也住过这样的房子，很美很忧郁，因为独自一人。这次有他们，自然不同，很快乐。我决定傍晚游湖，因为还有霏霏小雨，船只也就零星，湖境会更惬意，犹如私家豪华游艇的一次晚会，我们可以扮成船上的大佬。果然这选择很对，我们得到了最心满意足的一次游玩。无论湖中雨蒙蒙的岛，还是山上的穴，天上的舒卷的青云，都为我们独享……

● 等待"鲇鱼"

2010年10月22日和筱筱飞厦门。说当天晚上有台风"鲇鱼"，我便决定等待台风。等到11时，有风声，但从高高的酒店望到街上，树不动，返回床上看惊悚电影至半夜3时，风声雨声，但还是未见台风。

儿子来电话说：妈妈，你没带钓鱼竿，怎么能钓上鲇鱼呢！

第二天，在雨中逛街，人心惶惶，店面都关了，雨大，但不冷，只有两棵小树被昨夜的风刮倒了。朋友说自从厦门立了郑成功像后，台风每每绕了过去，此次台风又在厦门以北处走了⋯⋯台湾花莲那边有个大陆的旅行团被台风刮进了大海。

当天夜里9点多，只有我们这一班飞机飞向了深圳。

2011年4月30日早晨又飞厦门，那边是雨后的湿热，而北京正是沙尘。下午到了安溪茶叶大观园，那里有个古老的城隍庙，外面是锣鼓喧天，里面三界共存——先是供着黑白无常、地狱判官；然后是道教诸神；最上面是佛菩萨。一路走，一路拜。呵呵，中国的百神之殿永远不会客满。人，各取所需。乡民古朴，心怀敬畏地生活着。

第二天早晨去雨中清水岩。一个"帝"字形的庙宇。里面有一尊观音像西方的圣母。北方的庙宇多香火，南方的庙宇多鞭炮，诸神喜欢热闹吧。下午走了很长的山路去八马茶业的山上采茶，枝芽嫩绿，不忍下手，只象征性地采了一芽两叶别在耳边，然后看远处的绵延的山和嬉闹的孩子们。喝茶歇息的时候突然大雨瓢泼。

5月2日上午返京。机场路暴堵。没想到回到北京就看到拉登被炸死了，海葬了。海水已被核污染，那些肉身的粉尘会不会变异呢？心，忧虑之。

四

海外之旅

◇

● 加拿大有我的爱人白求恩

加拿大：它的辽阔，令人失语。

那是 2009 年 9 月，记得在加拿大参加了大使馆的国庆晚宴。

在加拿大住久的人一定会越来越傻，因为辽阔、因为单纯。如沙丁鱼般拥挤的中国人一定没法理解这种单纯，就像大人看三岁的小孩：人怎么可以这样无忧无虑，怎么可以？！

卡尔加里像大庆，但更冷艳，除了市中心有高楼外，别处都是两层的别墅，院子不大，但都有草坪和鲜花，街的两边是枫树，天还不太冷，但树下已落叶斑斓，非常美。路上总是看见跑步的人，在河岸旁，或马路两旁的斜坡上，渐渐地觉出他们的单调。

我们住的酒店在 2227，三层而已，我窗外有一棵木棉树，正开着绚丽的红花。隔一条马路便是他们的轻轨，早晨总是一辆跟着一辆在晨曦和阳光下疾驰，但里面人不多。在加拿大没有车不行，因为大，因为人少。

偶尔晚上陪同行的人在小旅馆的门外吸烟和看夜景，用一字一字蹦着说的英语和一个从美国来旅游的老女人聊天，她说她72岁了，她78岁的丈夫在房间里休息，他们喜欢开车旅游，在晚秋的季节里……她拿烟的手指被寒风吹得发抖，她掐烟的动作却准确而坚定。

伪装得多好啊，邦妮和她的007，居然有如此惬意的晚年……这，就是美国电影带给我们的关于美国的联想。

白求恩纪念馆在一个小镇里，院子有红红的枫树和金黄的落叶，屋外有白色的摇椅，屋内的墙壁上有一个家族的照片和他年轻时描绘死亡的绘画。他是我遥远国度的知己和亲密爱人，为了逃离那混乱的青春，为了逃离二度结婚又离异的美丽妻子，为了复苏那被麻痹、被蹂躏的神经，他来了，在中国的黄土高原上找到了宁静……在他死去的许多年后，我在铁路边的一个小镇出生。

跨越时空的爱情，永远不会令人失望，因为只有心，没有其他……

唐诗："君生我未生，我生君已老。君恨我生迟，我恨君生早……"这不应仅仅被视为爱情的问题，而是一切不遇，一切错过，都是如此令人绝望。比如，你与灵山法会的错过，你与春秋战国的错过，你与《黄帝内经》时代的错过，你与老子、庄子、李白、苏轼、李清照等的错过，你与苏格拉底、柏拉图、萨特、白求恩的错过，通通都在这场绝望当中。

而一切相遇，都会因为你的局限性、你的不稳定性、你的一己之私虑，而破坏那种时空隔离带来的完美……所以，有种错过，有种不遇，也令人艳羡。

有时候，爱情会因为面对面的诉说，而渐渐地……坠入虚空。

年轻，可以任性胡为，因为有的是时间来忘记。而有了些年龄后，人真的不敢再胡闹，因为已没有时间让你后悔。

在陌生的环境下，一个男人和一个女人相互倾慕，但他和她都是自私的人，所以什么都没发生。

暧昧很有趣，时间会把当初强烈的想象碾得粉碎。

从加拿大回来时，正逢中国传统节日八月十五的第二天。朋友们聚在屋顶花园烧烤，我一家、弟弟一家、筱儿一家，还有弟子学生几人。100 年来最大最圆最亮的月亮在北京的水泥森林里游荡，万家灯火。一种中国式的家庭快乐，一种永恒的祥和。喝酒、吸烟、聊天……从蒙古运来的羊肉在炭火上滋滋啦啦、香气弥漫。风凉了，吹乱了头发。老人们在二楼看电视，孩子们在打乒乓球，年轻人在屋顶大笑。

我低头看朋友的短信："如梭朗月，应时大光；……幸识曲子，友情澹澹……"是的，这是最美的中国式安宁。

● 巴黎·巴黎

2009 年 12 月，去巴黎。巴黎，可以唤醒很多关于巴黎的记忆。

我在巴黎的每一个街角，寻觅咖啡馆和一个叫波伏娃的女人。所有的巴黎妇女都在大街上吸烟，她们的头发、脚踝、黑色时装和深红的指甲都在述说着……优雅。

这是个多情的地方，牵手、亲吻、鲜花、裙子和高跟鞋，无论清晨，还是夜晚，人们似乎只有这些事做，我的黑眼睛忽明忽暗，因为自卑和害羞……

不到巴黎，无法真正懂波伏娃和萨特。那种自由，源自"香榭丽舍大街"这个名字。

坐在冬日阳光下的户外咖啡桌旁，我轻轻抚摸了一下那对著名男女可能用过的烟缸，为我的局限性感到痛苦……转念一想，他们也无法理解天安门前三根柱子的意境，心也就释然了。

塞纳河的黎明：太阳唤醒的不仅是一座城市，还有那河水及河水上飘浮的雾，一座座桥就那么蔓延开去，直到永远。

| **巴黎圣母院** |　　在地球上一个叫巴黎的地方，广场上鸽子和海鸥群舞。巴黎圣母院的外形很尖，如利剑插向天空，被刺痛的恰是心灵。想起了雨果和他描述的那场革命，声名远播的是那美丽的吉卜赛女郎和丑陋的敲钟人。可我从读那本书的开始，就倾心于那痛苦的神父，爱他内心的残忍的纠结。

亲临现场你才会懂，那广场飞舞的自由与教堂内部的阴暗，在深冬的阳光里，巨大的教堂的阴影就俯卧在广场上，犹如黑白照片。而那特别帅的摄影师在给特别美的模特拍照的情形，则是艳丽的彩照。

教堂里面昏暗，人们鱼贯而入，再分散到四处，我坐在椅子上，凝望玻璃上彩绘的圣母，那圣乐，那飘忽的众多的点燃的蜡烛，两壁小祈祷室里的耶稣一家画像，这一切令人迷惑和感动，并思索：下跪、合十和祈祷的真正意义。

在国外，特别是在巴黎，寂寞如潮水，淹没了我……

中国人无论在它外面和里面都只做一件事：照相。这件事把一场心灵的游历给扼杀了……就如同吉卜赛姑娘的眼睛令人琢磨不透：她到底要什么——是你的灵魂，还是你的钱？

| **卢浮宫三宝** |　　海风中的女战神，维纳斯，蒙娜丽莎。一个没有头，一个没有手臂，一个神秘地微笑，把你的想象力击碎，把历史击碎。

原本不知道那个微笑那么小，很多西方人都默默地站在红绳外，凝视着，没有表情。中国人总是把相机从人头的缝隙中伸过去，照相。

我好像被一颗空包弹击中了，因为怕流出的假血被那些沉默的人看见，或被国人摄入照片，我落荒而逃……

所有的中国人都要和维纳斯合影，是因为爱，还是因为我们特别缺少……爱？

许多好事者试图恢复维纳斯的手臂，但最终还是不知该让那手臂停在何处。其实，手臂对于爱情一定无用，因为它会分散我们对爱的感悟。我什么都不能给你，我的爱人……除了这健硕柔美的躯体和扭过头的一丝羞怯。

中国有千手千眼曼妙菩萨，那是力量，是无穷无尽的控制力。眼睛多，手臂多，一定没有……爱。

西方人，爱欲是美。认为是美就会扑上去。扑上去会死，但死得其所。

中国人，爱欲是苦。认为是苦就会出离。逃出虚空，但也乐在其中。

痛苦源于欲望的不能满足，源于太爱，源于无法沟通。

女战神如此宽大的翅膀，起到了船帆的作用。

● 北欧

爱沙尼亚的塔林，一个像糖果一样又甜又冰的城市，喜欢！

维尔扬迪，一个河水缠绕的小镇。据说这边的夜只有短短的几小时。此刻，海鸥在天上，乌鸦在地上。花儿在半空中，一只红酒杯在地上。一切静与美，在我心上。

这里没车、没人，只有哗哗的河水声。我进了一个卖花器的小店，两个中年妇女反复地装摆各种花器，若不是箱子小，真想买一些摆在院子里。

突然明白了一件事，无论到了哪里，只有啤酒还是国内的味道，可医治思乡症。

这里到处是蜜蜂，还嗜酒，先是一只坠入酒杯中，另外一只就撞杯子，过了一会儿，也进去了，犹如殉情。此刻，两只都醉醉的，已无力相爱、相救。一般来说，个头小的是公蜂，已不动，那母的尚在挣扎中，迷醉中。爱情，有时挺害人呵。

这酒是喝不得了。

晚上9点半了，太阳刚落山，但天依旧亮。零零星星的店都关门了，有人开车来找晚餐，然后又失望地离去。有人会穿着衣服跳进河水游泳。这边的姑娘很胖，有大大的乳房，而有些老女人却又高又细，像传说中专门索要少女头发或舌头的巫婆。

这是个被森林环绕的小镇，有些年老的人在河边一坐一天，昨儿我试图靠近某个老妇，想感知下她的内心，她偶尔转过红苹果般的脸蛋，说几句爱沙尼亚语，我听不懂。于是我们只是静静地坐在河水边，看野鸭一会儿在水中游弋，一会儿在绿莹莹的草坡漫步。所谓异国，就是我可以感知她的美，但这种美只是像画儿，我感知不到她历史的温度，我们彼此不接受，我们擦肩而过，永远陌生。

夜里11点半，天终于黑了。

这里的房屋都是坡顶，开着天窗，是为了看极光吗？

因为是天窗，没有窗帘，3点多就亮了。这儿的人必须安静，否则睡眠这么少，得多难受啊。这儿的人基本没有大吃大喝的习性，基本一杯饮料一块点心就够了，可还是大胖子多。

从塔林飞了1个多小时，到达美丽的芬兰。终于吃到中餐了，酸菜粉条！中国酒、中国菜，治愈了思乡症。晚上在游艇上喝了一小杯甘草味的酒。

应美女翻译之邀，去享受了著名的芬兰浴。原来这边只有夏天阳光充足，冬天几乎没有太阳，总是漫漫长夜，有雪时，还亮些，化雪时又暗乎乎了。所以，这边痛风、抑郁、心脑血管、糖尿病、不孕症多。到夏天，人们都想尽一切办法饕餮阳光。

田园里的荷兰之家在密林深处，有最古朴的桑拿。把湖水用木柴烧热，一遍遍浇在汗涔涔的身上，女主人像山林仙女，金发高挽，赤身穿越小小的栈道，跳进冰冷的湖水。山是自家的、田是自家的、湖是自家的，难怪道门说仙人碧眼。信夫！

芬兰，是个女权国家。男人负责购物、做饭、带孩子。所以这边总看到爸爸推着婴儿车。女人经常自己去度假，在外面恋爱了，回来就离婚，孩子还都判给女方。这真是：离开缘于太熟，恋爱缘于不知。他们很冷，但很单纯。这种冷加上单纯，便令人烦恼。

这边的人都恨自己太白，所以喜欢黑人。60岁的女人身边经常有黑小伙，这是很帅的一件事，这让芬兰帅哥很自卑。但这边的女人嫉妒心也大，绝不许男人乱搭讪。老了时，女人才知情感的珍贵，所以很依恋老伴，所以另一个感人的场景便是：一对对老夫妇牵手而行。

喜欢乡村之荒蛮，也爱街景之繁华。无论徜徉，还是匆匆，都不及我对北京书房外那石榴树郁郁葱葱红落青实一瞥的深情。

● 南太平洋

中国是 China，是精美细腻的瓷器。它的复杂和华美犹如瓷器中的思想者。

西方人是没烧透的白陶，自有其朴实和单纯。

黑人是烧过劲的黑陶，厚重而艰辛。

附：瓷器的制作工艺——热量要不断积累，并保持一种恒久的耐性和精准，所以先烧陶，热量不断地上升、保持，并向上传递，在最恰当的时间，最恰当的火候下，才形成那个唯一。所以它前面的通通是牺牲品，甚至精品周围的都是牺牲品。

残酷无所不在。我们也许都是为了那唯一的精品而生，而死。那唯一的，你要尽量汇集人类的全部最精华的能量啊，并保持完整的传承！

| 贝宁 | 大西洋边的非洲。海边破旧的茅屋和船只，男人们在海边拉网，不允许游人照相，怕摄走了他们慵懒的灵魂；美丽的黑女人头顶着艳丽的水果在街上行走。

这里有黄热病，有中国的美女服装设计师和她五岁的漂亮的亚裔小

男孩，这孩子总问妈妈，什么时候他才能变成黑人……

在那个黑的国度里，黄皮肤的你，是个另类。另类的，是否还有心灵？

这里的中午太热了，零星的男人、女人和小孩躲在草棚的北面望着疾驰而过的我们，我们无法用相机捕捉他们的表情，因为可怕的黄热病，没有人下车……

人类，就这样，彼此隔绝了，不仅仅是因为语言。

假如我能够亲吻，他们厚厚的嘴唇，他们黑黑的锦缎一样柔软的耳朵，那种柔情，是否像镶了金边的乌云，比我们曾有过的更好？

那个离港口很近的酒店有高高的棕榈树和游泳池，游泳的大多是白人，身材标致的黑人如同猫的精灵，在你需要烟灰缸的时候，他们默默地出现，然后消失……我身穿宽大的艳丽的贝宁服装，静默地坐在池边，我知道自己更像他们，我憎恶那吸血鬼般的白，我像爱自己一样爱那炫耀的黑……

黑，跟睡眠有关，跟慰藉有关，跟死亡有关……总之，黑比白含义更深刻。

| **毛里求斯的海边** |　　大海分辨出那么多种蓝……夜晚，天空星空璀璨，我躺在白色的沙滩椅上睡觉，远处的长堤上有两个人在垂钓……海的梦。

那种静，那种孤寂，那种风，那种涛声……就是天堂。

面对大海，在沙滩的橘色躺椅上发呆，任凭太阳肆意地爱抚你赤裸的脚腕和后背，发会儿呆后，昏睡，醒来看看海，再翻两页书，然后又昏睡，直到夕阳西下，再挪回屋里接着睡……这，才叫"放下"——一种没心没肺的慵懒和沉醉。

真"放下"了，就没有所谓"失眠"。

人间许多抉择令人困惑，但当你决定通通放弃时，便轻松了。还是慢慢拣拾出轻盈的夏装，明儿，在一个能赤脚的地方，躺着，看海上的夕阳。

| **越南亚龙湾** | 　坐当地的小游船在湾里游荡，幸福的心，因为有丈夫、儿子、女友，以及她的娇滴滴的小女儿。海水明丽，风吹得我⋯⋯怕，因为幸福。

| **出海钓鱼** | 　在大海中央摇晃的小船。两对父子和我一个女人。最后只有我和另一个男孩钓上了鱼。我的小黑豹和那条彩色的鱼合了影，而我则趴在船舷边默默地吐了。大海很快就淹没了那些污秽，海钓不是女人的游戏，更不是我的。寂静的大海只会使我眩晕和寂寞，只会使我觉得爱情已远不可及。

| **海边的SPA** | 　正午，温暖，变幻的蓝色。听着南太平洋的涛声，沐浴着轻柔的海风，一个老女人的手，如同老年男性准确而温柔的爱抚，沿着脊背、肩膀、大腿、每一个脚趾⋯⋯爱情的低声呜咽，高潮，眼泪，不被察觉的轻微的颤抖，如琴弦。

一种赤裸的幸福，在阳光和涛声里。昏昏欲睡，无须对抗的爱抚，也抚平了灵魂的皱褶⋯⋯

当不再对抗时，生命便沉入了海底。直到潮起，你一定会被带回，在无人的沙滩上，享受日落的孤寂⋯⋯这一切，会放大你对爱情的想象。

| **马来沙巴岛的下午** | 　懒洋洋的海滨，小黑豹一样柔滑的男孩

在游泳池和海边跑来跑去,儿子更依恋父亲。我寂寞地躺在高大椰树的阴影里,目光追随着他们和大海变幻的蓝色和一本没什么意思的书,偶尔地小睡,太阳把我的脚趾肆意地晒黑,身边有时会走过欧美的比基尼情侣,对他们的身体毫无感觉带给我一丝绝望,已经衰老的迟钝的心。

傍晚,去马来的大排档吃东西,实在是简单的民族,只会烤鱼,所有的鱼都黑乎乎的,但又香又嫩。五个黑黑的印度少年跟我们同桌并合影。

有些地方,听到过,看过图片,因为太美,就存在心里了,然后找时间,找旅伴,便有了一次飞行。到了目的地,才知真实的温度,原来,南极并不太冷,有些南方也有丝丝凉意……但因为有你的笑,你的拥抱,你的酒,异乡便成了天堂。

燠热的夜晚,连续的狂热连续的爱。穿梭着的交织的不断被探寻的肉体,夜与夜在叠加,在细语,男人修长的手捧着结实而丰满的乳房,就如同捧着热带硕大沉重的果实,黏稠而银色的汁液,如缓慢流向宇宙黑洞的银河……长长的游廊上似乎到处都是窒息的人们,低沉压抑的呼喊沿着变形的楼梯蜿蜒,直到喷泉忍无可忍,在中央的天井里肆情绽放。

南太平洋的夜变得黏稠而厚重,从天空倾泻下来的黑色,向着潮汐呜咽的海……坍塌。

月光照在宁静的海上、绿色的椰树上、橘色的沙滩椅上、阳台小桌边海螺形的烟缸上,和我沉睡的黑黑的心上。

盛装华服,看着世界一点点变黑。今晚开窗睡,在梦里,让潮水涌进来。

第八章

言语的盛宴

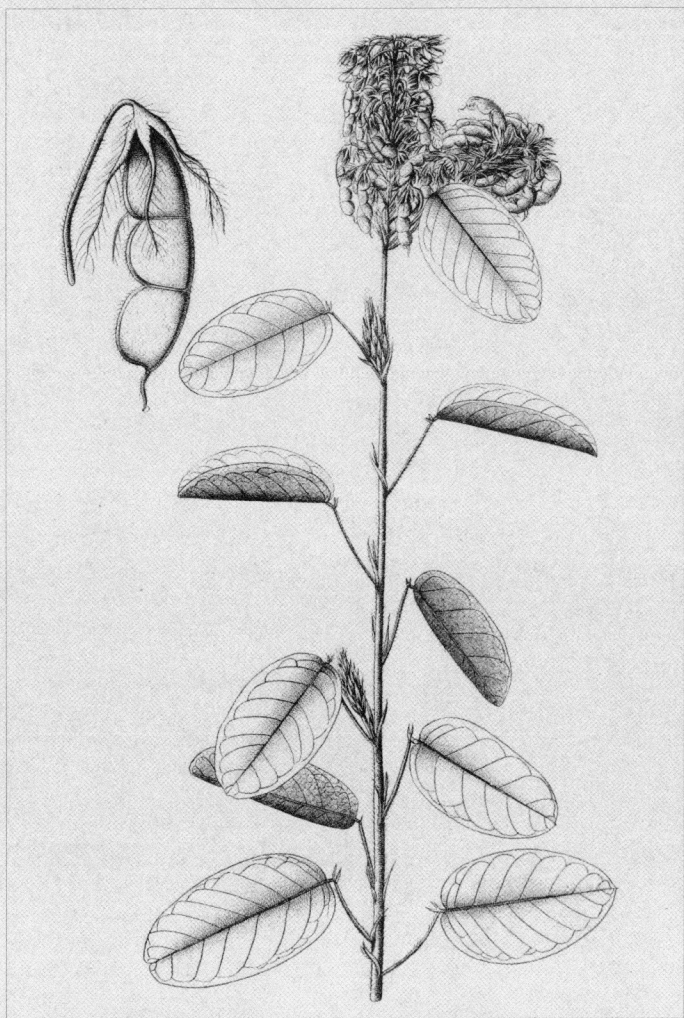

人就像树，会让时间在身体上打下烙印，会重塑，沿着风的方向，朝向太阳的方向。要谨慎而耐心地活着，慢慢积攒年轮的力量。要学会在冬天飘零树叶，沉寂地活着，要学会等待，在三月的时候，生出新的枝芽。

相传仓颉造字时"天雨粟，鬼夜哭"。你说语言文字的力量有多大吧。

　　有中国人的地方就有中国字，有中国字的地方就有中国心。我们说着、唱着、书写着，每一个汉字都珠润饱满，音声嘹亮。我们都爱着、恨着、感动着，从造字的仓颉开始，我们古老的生命便以一种方方正正的方式存在，并在世界历史中写意地绽放。

　　改变人生，从识字开始。呵呵。

一

天
地

◇

● **天之道**

天之道为阳刚，地之道为阴柔。

| **寂寥** | 寂者无音声，寥者空无形。宇宙如此，人心亦应如此。

| **天空** | 犹如灵魂，翻云覆雨，瞬息万变。

天之道，是四季循环之道，是风寒暑湿燥火。没有天之湿，就形不成地之土；没有天之寒，就形不成地之水；用人事的比喻就是，没有女人的爱与折磨，男人就没有从男孩到男人的成熟与转折。所以有"在天为气，在地成形"之说。所以人只需顺应"天"，在天之变化之时也完成自己的嬗变最好。

| **春天** | 动物交配的季节，人伤感的季节，因为人的交配以爱情为前提。鸟儿们唱唱歌就可以了。

"关关雎鸠，在河之洲"是初春乍暖；"蒹葭苍苍，白露为霜"是深

秋萧瑟。《诗经》也是从春写到秋的。

| 夏天 | 最放肆的时节，人和动物都应该裸奔。

女人永远为没有合适的衣服抓狂。尤其是夏天，既要优雅又要狂野，既要内敛又要风骚……

| 秋天 | 颜色最丰富的时候，物产也丰厚，人和动物都在快乐地掠夺和储备，因为最残酷的时节要来了，我们要有丰厚的肉肉来抵御寒邪。

有时候，生命和自然如此美丽，虽有诸多苦难，难以让人绝尘而去。

秋夜，就这么一场雨一场雨地，渐渐地凉了。总觉得有点什么正渐行渐远，可心怎么不痛呢？

蒹葭苍苍、瑟瑟秋风、蛐蛐夜鸣、寥寥秋月……这些词，这些场景，缠缠绵绵，颠颠倒倒，让人没了春天的酥软、夏天的热情，只是一味地沉浸，沉浸在深秋愁苦的清明。

| 冬天 | 动物冬眠的日子。肉身被遮蔽了，只有眼神传递出——人需要互相温暖。

坐在家里的炉火边听到外面北风呼号时，特别容易产生感恩的心理。

| 风 | "八风也。风动虫生。"（《说文》）万物的媒介，风以动万物，风以散万物。风中有虫，虫乃花粉、精虫等，借由风，把它们传遍世界，所以"风生万物"。古人重视风，把它当作一种神来崇拜。在《易经》，巽为风，在东南，唯有东南风有生发万物之效应，故又称弱风、婴儿风。

中国人喜欢用"风"来打比方。解"风情"的女人是有趣的女人，有气质的男人是"玉树临风"，又大又亮堂的地方是"风景"，跟毁灭相关的是"风化"……

| **花粉** | 　植物的性激素。它可以重调元气，使元气足的人亢奋。

身体元气不足的人一吸入花粉就会过敏，犹如遇到能量大的人就崩溃。

| **寒** | 　"冻也。"（《说文》）篆文是人在屋中，上下紧盖，下部仍有寒气的象形。寒是最底层的"冰"。它冰冻了你对生活的一切热望，使你沉郁、恐惧、痉挛，无法伸展。太阳不仅是它的救星，而且是使它从此岸到彼岸变化的根由，在融化的时候，一切梦想都将沿着一个方向前行，化成水，化成雾，在空中飘舞一会儿，再静静地坠入，在再次结晶前把握一点点……舒缓的快乐。

| **暑** | 　"热也。"（《说文》）段注：暑之义之谓湿，热之义之谓燥。暑，一种燠热，阳光凶猛，先是把大地蒸腾，然后把谷物蒸腾，然后是我们汗淋淋的肉身……所有的东西都在肆无忌惮地绽放，或怒放，都掀开了自己的壳窍，都把花蕊尽情地伸展，都允许狂蝶、痴蜂乱舞，并在贪婪的榨取中完成蜕变，牺牲……

过度的暑热是对生命的消耗，是苦夏，是倦怠，是悄然的兴奋。在干燥、酷烈中行走的时候，人容易产生加缪《局外人》的那种汗水刺痛双眼的短暂的迷失……

| **湿** | 　如密闭在远古的沼泽，因为缺少阳气的蒸腾，而沤，而滞，把你的生命困住，把你拉向黏稠、困顿和腐败……而且，越挣脱，你便陷得越深，越无望。在火中，人还有涅槃的壮丽；在风中，人还有飞翔的快乐。但在湿中，人只有绝望和对救世主的渴求。

南方的梅雨季节让人慵懒困倦。一会儿在床上睡会儿，一会儿在计算机上码会儿字，一会儿又痴呆地看看窗外的绿。但如果你觉得外面清凉，那绝对是上当了，湿湿的热会糊上来，纠缠你的胸背和大腿。

| 燥 | "乾（干）也。"(《说文·火部》)《周易》说："水流湿，火就燥。"但它不是"火"，它不是燃烧的特性，而是吸附的特性，凡遭遇它的，都将被吸干，不留一点渣滓。

| 火 | 可以让生命没有杂质，可以毁灭一切，也可以再生一切。一种纯净的力量。一切事物皆因欲望、孤独、痛苦、暮年……而燃烧。

当火灭绝，天地复归寂然。

● 地之道

| 大地 | 藏污纳垢之所，并有能力净化那些污垢。所以其德为厚。

| 地 | 从"土"从"也"。也，女阴也，像女阴之形。土地，是巨大的女阴，空虚、贪婪、富足、生产……

| 也 | 《说文》："女阴也。"所以"池"等像女阴之形。她、牠，指雌性，祂，指女神。

| 大海、森林 | 化云升腾，降为雨露，即天地气化循环的道场。

| 海 | 水部，人，母。海，一个斜倚在大海边上有着一对美丽乳房的女人。源源不断的乳汁，滋润的是天地和灵魂。

| 大海 | 就是告诉人们什么叫不可逾越、什么叫绝望。

| 沙漠 | 也是令人绝望的地方。

我曾看见一个美丽无比的女人，头戴粉色宽檐凉帽，脖颈上围着白色围巾被一只骆驼带进沙漠。她到底要什么，哪里才会遇到她的古老的国王？

| **空气** |　　当爱人不再爱你的时候，会说一句特别打动你的话：你对于我，如同空气一样重要。

潜台词则是：他对你，像对空气一样，熟视无睹……

| **水** |　　水，外阴内阳——阴则趋下，阳则润万物。水上润则为雨露霜雪，下流则为海河泉井。上下气不同，则水味有不同。

| **玉** |　　石之美有五德者。"润泽以温，仁之方也；理自外，可以知中，义之方也；其声舒扬，专以远闻，智之方也；不挠而折，勇之方也；锐廉而不忮，洁之方也。"（《说文》）其五德为仁、义、智、勇、洁。君子爱玉，也是用其五德来熏陶自身，激励自己。

| **石** |　　坚硬、顽劣，无所不在，在西北为戈壁，在海底为沙砾。作为土地的弟兄，它们把生育的荣耀给了土地，而自己一味地沉浸在风的呼啸和海水的冲击中，以犀利、尖锐或圆润，来坚守自己的顽硬与孤独。

| **树** |　　可以群居，也可以是荒原上孤零零的一棵。可以枝繁叶茂，也可以被风吹成倾斜。可以在悬崖上倒挂，也可以在河岸边风流。它们有皮，有干，有根，有枝杈，和我们一样，在世间醒目地活着，在深处，用痛苦和欢乐书写着一圈宽一圈窄的年轮……

我是荒原上的一棵树，一方面因为爱恋和仰慕，枝杈拼命地伸向天空；一方面因为恐惧和悲怆，根茎深深地犁向大地。除了这两个方向，我别无所去。

二

人间

人间，无所不在的，是语言和沉默。

一个西方人曾言：中国不废除自己的特殊文字而采用我们的拼音文字，并非出于任何愚蠢的或顽固的保守性……中国人抛弃汉字之日，就是他们放弃自己的文化基础之时。

但，还是有了些变化，厂（廠）已空；臟已脏；愛无心；產不生；鄉无郎……简化字不单是简化了"字"，也简化了文化和人心。

● 穷人·富人

人，首先是人，又称"倮虫"，光溜溜地来，光溜溜地走。"人"是人的侧面像，比喻人不敢直面人生。而"大"，是人的正面像，人若敢于直面人生，则格局大。"大"里面再多一个点，就是"太"，有点大言不惭的劲道，所以，这几个字就是告诉中国人，太畏缩了被人瞧不起；太狂妄了又被人笑话；太道貌岸然了，又被人视为虚伪，总之一句话：做人不容易。

| **曲解汉字·人** | "人"字的另一种解释：一撇一捺，为一阴一阳，阳主阴从，阳是人生的运化，阴是生命的支撑。又似一人扶着一人相互支撑而前行。更有人解释为两个棍子在磕磕绊绊地打架，所以人类战争不断。

| **曲解汉字·从** | 一人跟随一人向左为"从"。君子从左——左为贵。荀子说："君子从道不从君，从义不从父。"不从君，可；不从父，难。只从道义，更难。这，就是中国人的生存困境。

| **曲解汉字·比** | 一人跟随人向右为"比"，左贵右贱。攀比、比较、攀缘，是人生之烦恼的根源。先修无分别心，无善恶心，无贵贱心，众生普同一等，才算是入了修行门径少许。今人不明此道，先以差别自诩，故而愈走愈远。

| **曲解汉字·众** | 眾，上为目，下为三人。人多了就需要管理，同样是管理，也有境界之差别，用宗教神明管理，人心自危，管理成本最低。用统一思想管理，可人心多变，思想亦不稳定。用人管理，人还分高人衰人，管不好还得出人命。

所以，中国古代有"王道"和"霸道"之说。王道为天下所归，霸道为天下之所畏。"王"字是"三画而连其中谓之王，三者天地人也，而参通之者，王也"。"霸"则是风云变幻、刀枪剑戟、血肉横飞。

| **曲解汉字·富** | 上为家，下为酒器，酒是由剩余食物发酵的，所以是富裕的标志。现代拆字法则解释为"人人有一口饭，有田地"。

| **曲解汉字·福** | 富也（释名），在神面前奉上酒。

| **曲解汉字·有** | 　手中拿肉。人如果知道在这世上只是过客，就什么都不拿了。

| **曲解词语·富有** | 　《易传·系辞传》曰："富有谓之大业。"《道德经》曰："富贵而骄，自遗其咎"——富当赈贫，贵当怜贱。骄恣，必受其祸。富不敢奢，贵不敢骄，即战战兢兢之君子；富贵于我如浮云，此乃真人。

富有只是有酒有肉，是一种跟吃喝相关的生活状态，并不涉及精神。

| **曲解词语·贫穷** | 　"贫"字上"分"下"贝"，钱一分就贫，所以古代不主张分家。"穷"字是人被憋而无法出头，是躬身入于穴，穷途末路之意。贫和穷不是一个意思。"贫者"指家少财物，"穷者"指无出路、无事业。所以捐款可帮助"贫者"，但意义远远赶不上给"穷者"以生路。

"贫"对"富"，"穷"对"通达"。君子在世，不怕"贫"，就怕"穷"。孟子教育我们："穷则独善其身，达则兼善天下。"古语说："穷寇勿追"——对穷困潦倒的人不要再施压，他已到绝路，追之必急眼，就剩玩命了。

对待贫者，可以分财物给他，但总原则是"救急不救贫"。贫则贱，容易没境界。

对待穷困的人，要传授技能给他，让他有出路，有希望。穷对通达，可以有境界，可以"行到水穷处，坐看云起时"。可以"穷且益坚，不坠青云之志"。（王勃）

药对病人——是救急不救贫。临时虚了，可以用药以赈灾；元气少了或没了，不仅药救不了，谁都救不了，再大输血也没用，因为血也要靠元气来鼓荡运化。所以说，没有治不了的病，只有治不了的人。

穷在身体上的状态如经脉被憋，把道路打通即可。这边憋了，别处就会有劲，就好比"高血压"。而在诗文中的表现，则是愈穷而愈工——也就是逆境出人才，韩愈说："和平之音淡薄，而愁思之声要妙"——幸福时人大多浑然不觉，一痛苦，人的灵性就出来了。

| **曲解汉字·厄** |　　从字形上就可以看出它表示把人憋在里面，让人连头都抬不起来，人生最苦难的困境就叫作"厄"。房子，看上去好像只是个住所，可是它注定影响一个人的心胸。过去的四合院就是要给人的心一个释放的空间，它不只是可以接地气，接的是天地之气。

所以不能发展"胶囊公寓"，那就是"厄"，会使人发疯。

● **做，与说**

| **道路** |　　道是笔直大道，要想笔直就得修筑，后引申出修道。路是弯曲小路，行走出来的便道，后来引申出思路。所以，修道要精进，思路要灵活。

| **中** |　　一种不左不右的能力。"左"很容易，一激动就左了；"右"也容易，一悲观就右了。不狂妄，不绝望，该生发时生发，该收藏时收藏，才是了不起的人物。

| **左右** |　　左史记行动，左阳，故记动；右史记语言，右阴，故记言。左，佐也；右，佑也。右有口，右手用来吃饭。（《说文》："手口相助也。"）左为工，代表劳作。左者，以左助右，右者以手助口，都跟手有关。古人，智慧啊。

一般左脑具有语言、概念、数字、分析、逻辑推理等功能。左脑损

伤者可导致失语症。

左脑的记忆回路是低速记忆，而右脑的是高速记忆。

右脑擅长创造性思维：信息处理偏重感官，是属于图像式的思考模式，负责掌管想象、直觉、韵律、空间等，着重感性思维，具艺术鉴赏能力。

一个像蓝领，一个像白领；一个主理性，一个是智慧。

| **嘴巴** |　　两个功用——用来说话和吃东西：说话是出，吃东西是入。说出去的话收不回来，吃进去的饭吐不出来（正常人）。如果用来胡说和胡吃，首先是对自己不负责任，对自己不负责任的人不会对他人负责。

《说文解字》："言，直言曰言，论难曰语。"

有人说：该说的不说叫"失职"，不该说的说了叫"失策"。

白昼夺不走我的怨，黑夜夺不走我的念。絮絮叨叨叽叽咕咕，无论喧嚣与沉默，都在你我之间流连。

周礼："发端曰言，答述曰语。"自言为言；与人谈论为语。《论语》说："食不语，寝不言。"

| **言语** |　　言是自己跟自己说；语是跟别人谈论。跟自己说什么都行，跟别人谈什么都要谨慎。

言语是人心的外化。人要么不说话，一说就露馅。

中国语言属于情感语言，多依仗言语个体的情绪、想象、直觉、心理意象，是一种更接近人心灵的语言，一种诗的语言。它是我们理解中国文化、中国民族心理的根基。

人类的一个重要使命，就是给万物"命名"，并以"命名"来占有这个事物，掌握这个事物。

"名"者，"命"也。事物之名相是它曾经存在的一个譬喻。每天早晨，当我们从睡梦中醒来时，想一想，我就是×××吗？那个名字是个多么诗意、简洁的存在，而我，重浊、混沌，过去不可知，未来不可知，当下……亦不可知。

名字，会固化一个变动的人，一个灵动的人。

凡有所相，皆是虚妄。

任何东西都是过程，比如生命、疾病、爱情……

每个人都在自己的名字里感悟一下自己吧。

｜ 曲 ｜ 象形字，弯曲受纳万物之形。故有"曲成万物"一说。水流为曲，曲则有情，故中国有回廊之弯曲，可以回避煞气，形成吉祥的格局。

｜ 黎 ｜ 黑黄之色，土地的颜色。故百姓又称为"黎民"。百姓求朴求真，依赖土地的人，一定敬天知命，不敢胡作非为。

｜ 敏 ｜ 女人梳头时的样子为"敏"。中国文化喜欢在头上做花样，比如男子成年要戴冠，女子成年要盘头，皇帝更要讲究冠冕，这是一个民族文明的表征。所以，把自己梳理整齐，是一种心态，更是一种对别人的尊敬。上天看见我们整整齐齐、知足乐天的，也会高兴吧。

（把你的名字也报上来，也可以"曲解"下哦。）

三

人
性

● 德性

| 仁 | 　二人为仁。"仁"是人与人关系的基本诉求，人性的柔弱处在于——都渴望爱，而害怕不爱，或伤害。所以，"仁"是人道，是弱者对这个冷酷世界的祈求。

老子说："天地不仁，以万物为刍狗。圣人不仁，以百姓为刍狗。"

不仁，是天道。天道不会屈从于可怜的人道，但它也有"好生之德"，哪怕是洪水时代，也会留下个伏羲女娲，也要有"方舟"，把最好的种留下来。

| 义 | 　《说文解字》解释为"己之威仪也"。其实，义的繁体"義"，上为羊，下为我，"我"乃手持兵器的样子，所以"義"指公羊在决斗中捍卫自己的权益。不捍卫的话，母羊就全是别人的啦。

荀子："水火有气而无生，草木有生而无知，禽兽有知而无义，人有气有生有知有义，故最为天下贵也。"人若忘了义，没了知，虽有生有气，

而水火草木不如。

| **礼** | 禮，从示从豊，示，代表祭祀神明，豊，下"豆"为器皿，上"曲"也是盛物的器皿，里面装满了丰收的谷物，所以又是丰收的"豊"。礼，用来事神致福也。原本指人们祭祀时手捧礼器小心翼翼。所以"礼"，指的是人的虔敬心，无此心，人性就缺乏稳定性；有此心，人心就富足快乐。

虔敬，就是知道万物是天下的，你所拥有的一切，也是天下给的。由虔敬而感恩，人就知天乐命；不虔敬、不感恩，人就贪嗔不止，祸乱纷纷。

| **智** | 智从志来。肾神为"志"，人的潜意识、无意识就是"志"；"志"的外显、变化而出就是"思维"；由思维而想得高远叫作"远虑"；深谋远虑并落到实处叫作"智慧"。

| **信** | 人言为信。人的言行一致就是"信"。只说不做，就是"无信"。

| **中** | 内也。别于"外"，别于"偏"。以"和"为中。

| **私** | 自环为私。把什么东西都归为己有为"私"。

老子曰："甚爱必大费，多藏必厚亡。"

| **公** | 背私为公，平分为公。

"天下为公"是大同世界，"天下为家"是小康社会。大同世界无须道德约束，而小康社会则需要仁义礼智信这些观念来制约人心的自私。

| **定** | 上"宀"下"正"，指脚趾站立后保持中正的状态。安定的跟儿在足下，站稳脚跟的人心不慌。

| **静** | 青乃生丹，指木生火，是一种过渡的、变化当中的颜色。争，两手争执一个棍子的状态。所以"静"是指争持不下时的凝固状态，

在这种状态下一定会生出一个新的结果。这个结果是由绚丽导致的一种纯粹。

| **安** | 有女子在房子里盘坐，人就自感多福。家里有男子有女子，就繁衍着后代，就安乐，美好。

| **和** | 原写作"龢"，调也。龠，乐之竹管，三孔，以和众声也，讲究次序次第。虽声调不高，但主协调众声，故有和谐之意。

和是一种遂顺众生的能量，顺应并引导，而从不生硬。如同中国的养生学，是顺应生命的一种引导，而不是干预。

生命有向善的种子，这就是人之初，性本善，那就把它引发唤醒出来，不仅对自己有利，对社会也有利。五脏六腑最初肯定是和合的，但由于我们的坏习惯而导致了它的无序发展，比如癌细胞就是细胞的无序发展，所以养生学就是把大家重新引导回正确的轨道上。因此，为"和道"。

● 情性

1. 此心非彼心

"忄"和"心"有什么不同呢？发出来的都是情，所以凡是"忄"旁的字，心都竖起来了，就表示往外宣散，愉快、喜悦的状态。比如"愉""悦"字。凡是"心"偏旁的字，比如"想""思""悲"，就表示这个心沉下去了，心就变重了，人会往深处想。而"慕"和"恭"则多了一个心，意味在"心"之外还要用"心"。

网友言：觉得"慕"和"恭"下的那个"心"，跟赔着"小心"相通——

怀着卑微、渺小的心境，仰慕那些高大的，恭敬那些庄重的。

曲曰：此言甚是。

| 快 |　　心虽竖起来了，但好像缺了一块。缺心少肺的快乐似乎都不太长久。"痛"要是"心"的感知，倒也是一种"痛快"了。呵呵。

| 忙 |　　是心亡，亡，乃迷失、走失，所以"忙"是"失心症"，忙，就是没了心，没了感知，就是浑浑噩噩"熬日子"，而不是生活。

| 愁 |　　秋风秋雨愁煞人。蒹葭苍苍、瑟瑟秋风、蛐蛐夜鸣、寥寥秋月……这些词，这些场景，缠缠绵绵，颠颠倒倒，让人没了春天的酥软、夏天的热情，只是一味地沉浸，沉浸在深秋愁苦的清明。

| 爱 |　　上有"爪"，下有"友"，是手拉手，中间有"心"。多么想抓住的东西啊，因为抓不住，渐渐地，心就落入虚空了。也可以解释成：双手捧着心献出去吧。请爱惜它，请留住它。不是谁都会对你这么好，就一颗心，可以辜负我，别辜负了它。

其实，再爱，也不能没了自我。

| 慕 |　　上"莫"下"心"。黑暗下的深爱——对你的爱如夜幕下之暗流，深沉、汹涌，但还无声。

| 情 |　　青，上"生"下"丹"，指木生火，是一种过渡的、变化当中的颜色，感情也是如此，是变化中的成长。

| 一见钟情 |　　所有情感中最具有毁灭性的激情，因为它属于人之先天元神和元神的相撞，跟宿命有关，它不管不顾，直夺人魂魄。而男女要是后天识神和识神相遇，就是一场无奈的笑话，是算计与算计的较量。如果是先天元神与后天识神偶合，就是终生的不懂和陌生……前两者都激情有加，无法无天；最后这种相聚分手都不过是路人。

| 息 |　　上"自"下"心"。自是鼻子的象形。"息"是指人心与

宇宙能量的自由交换——浩瀚的宇宙啊，我必须用心来跟你交换！你是多么大气而恢宏，不惧 60 亿人的贪婪，并将我们的陈腐化作神奇！

一呼一吸谓之"息"。呼吸对生命，对人与宇宙能量的交换都至关重要。正是通过呼吸，人们在共享，在交换。所以，人可以自私，但身体不能自私。

|　**心田**　|　　心虽方寸，但也可以如无边良田，藏善恶种子，随缘滋长，而生善恶之果。所以要以静、以纯、以润养护心田，种善弃恶，结智慧果，得大圆满。

|　**没心没肺**　|　　心，是感知、是感动，没心以后就没了感知的能力，没了感动；肺主忧伤，主焦虑，没肺以后就不再忧伤、不再焦虑，就可以不愧疚地做任何事。

|　**曲解词语·恬淡**　|　　愉悦静寂不慕荣利是为恬淡。人我不生，安闲自在。

|　**忏悔**　|　　忏为自陈，悔乃悔悟。忏悔者自求忏消以往之过，在未来的旅程上，绝不再犯。现在的人不知忏悔，屡存侥幸之心，屡罪屡犯，令人痛心疾首。

比如有些女子多次流产，等到想要宝宝时久而不孕，不忏消以往之过，怎能得光明未来？！

|　**曲解词语·慈悲**　|　　如果你想在此，则用绵绵之心布施你；如果你想离世，则用绝世之情度化你。在寺庙里，大慈大悲的观世音菩萨南向而来，面北而痛，观世间之心音痛楚，而随机缘救助度化众生。

|　**意**　|　　从心、音。"意"是由心之感知而奏出的和谐的乐曲。生命要没有"意"，就是一个个破碎的残片，生命有了"意"，就是一支美妙起伏的曲子。

| **三心二意** |　　人生在世，不要有傲慢心、冷酷心、怨恨心，但在生命的深处，要时时刻刻有出离心、畏惧心、慈悲心。

出离心是不贪恋、不纠缠、不伪善。畏惧心是知道不是所有的事都能做，不是所有的病都能治，还有上天呢，还有天意哪。慈悲心是由悲悯广泛的人生之苦，从而布施、宽恕、爱。

| **心猿意马** |　　人心如猿，上下跳跃不停，所以世事无常，缘于人心的"无常"。人之意念如马，在荒原上乱跑，或在马厩里禁锢。乱跑是胡思，禁锢是我执……所以，这是人之大悲凉的根底：无常是真，有常是假。譬如爱情婚姻，就是用无常之真在寻求有常之假，所以，这也是人之为人的最可爱的地方。

肉体为假，灵魂、元神为真。真养生是养神；假养生是养身。身体总要"成、住、坏、空"，所以病痛不可免，衰老不可免。

2. 喜怒忧思恐

| **怒** |　　一种被憋而偾张的状态。那一瞬间，头昏脑涨，血管几近爆裂，但除了悔恨，似乎什么都没得到。悲伤可以抑制愤怒，因为悲伤是本能对生命的绝望，它可以淹没后天的一切"无明"，以至于……无。

谚曰："怒从心头起，恶向胆边生。"胆为甲木，刚烈；肝为乙木，横生。刚木得火为"恶"，为毁灭；甲木得火得风而流窜。只有悲伤像倾盆大雨，可以扑灭那无明的山火，使森林归于平静。

| **喜** |　　一种不可抑制的、如乐曲般流畅的快意宣散，但必须有起伏才好，否则神明就由于过度的涣散而失控，譬如君主长期在外溜达，王宫就会失守。《素问·阴阳应象大论》说："喜伤心，恐胜喜。取肾水克心火之义。"肾之恐惧犹如君主之护卫，他会带君王回归本位。

今夕何夕，得此良人？——古代少妇遇到意中人时的惊喜感叹多么率真、可爱，一扫平淡生活的阴霾，哪怕从今往后还是寂寞，这一瞬间，把回忆定格……

而大欢喜，却是通泰的宁静的喜乐，如同曼陀罗花不断地绽放，在那金碧辉煌的旋涡的中心，是永恒的平静……那里永远没有风。

｜ **思（恖）** ｜　　上为囟门，下为心。囟门在脑，出入者为灵魂；心，指人的感知能力。所谓"思"就是心感知到头脑的思辨过程。所以思维的根底在于"心"的感知。所以不是"我思故我在"，而是"我感故我在"。

思，就是"才下眉头，却上心头"。一下一上之间，一颦一笑之间，思之绵绵，如缕不绝。

中国汉字内涵太丰富了，画幅画可以解释它，写首诗可以解释它，讲个故事可以解释它。

《论语·为政》："学而不思则罔，思而不学则殆。"意思是如果只学习而不感知，人就会迷惘；如果只感知而不学习，人就危险了。

由心之感知到头脑理性的过程谓之"思"。过度的思虑会抽调气血上头，而抑制脾土的运化，而使人废寝忘食，衣带渐宽，面黄肌瘦……对沉浸在思虑当中的人，要激惹他，振奋他，让他走出自我的执着的阴影。

对生命的深思，是脆弱的、湿地的芦苇。因为解不开命运的锁，又无法躲避因果，那就只好销铄……肌肉，或血里的蜜糖。

｜ **忧** ｜　　忧伤容易绵长，犹如肺的纹理，错乱而撕扯不断。慢慢地，有些就钙化了，形成黑黑的一小块，挥之不去……快乐如同火焰，会燎去那些多余的丝线，会烧毁那些黑暗，会使肺之呼吸重新流利畅快……

｜ **曲解词语·忧郁** ｜　　抑郁是病，是独阴无阳。而忧郁是一种美德——保持着一种疏离，一种抗拒，一种沉思，一种忧伤……凡大艺术家都有骨子里的寂寞和忧郁，以及对人生、对世界、对自我的质疑。这种独立的思考、独立的工作，可以拥有特立独行的创造。

我经常大笑，但忧郁是我血液里的东西，它可以使我永不媚俗。

| 恐 | 恐惧是人体底部的暗涛，先是慌乱、怵惕，然后就如同黑洞，把一切都吸了进去，你由丰满而致残骸……唯有脾土有母仪之德，她用后土与沉思伸出援手，把我们拉回人间，把我们重新拥入怀中——从此，水土合德，肉身重塑，幸福与安谧犹如双翅，使你我……靠岸，飞升。

| 疯狂 | 孤阳无阴，一切都要飘忽在外，一切都要被粉碎……这种无畏的极致让诸神流泪。

一种生命状态。存在即合理。

| 抑郁 | 独阴无阳，对一切越来越昏暗的一种感觉，把自己封闭在铁的古堡里，还不断地往身上抹泥，直到窒息……

古代绝少抑郁症，所有的抑郁都在诗里变成了情调。

拍遍栏杆，谁揾英雄泪……忧郁是英雄的情怀，而不是小人的呓语。

抑郁和狂躁是一个事物的两面。一个是阴霾密布；一个是虚火连连。一个把你封闭在内，一个把你暴露在外。在别人的眼里，你是另类；在我的眼里，你是上天的一个奇怪的使者，犹如一本人类的启示录，你把自己当作……牺牲。

我愿意远远地……祭奠你。如果上天给我更多的勇气和胆量，我愿意拥抱你。

| 曲解词语·厌倦 | 厌，是厌恶，是太多的令人恶心的东西堵在那儿，只想吐掉。倦，是疲惫，想蜷缩起来，回避这个世界；或像个

球儿那样，滚出这个世界——总之，你不走，我走！

|　**曲解词语·境界**　|　　境，是大地终结处，界，指土地的界限。所以，境界是人面对桎梏与终结时对界限外一切不确定的遐想和渴望。当人走到绝境时，如果能够仰望星空，就有了境界的超越与飞翔。

走到绝境能跳出来或淡出的，就有了境界。跳不出的或困住的，就是困兽或衰人。"行到水穷处，坐看云起时"的要么是雅人，要么是自我欺骗者。跳崖的未必是英雄，掉头就走的未必是狗熊……无非都是行者，不必看一时成败；桎梏随时都有，关键还在于心态。

|　**曲解词语·焦虑**　|　　"焦"字，上"隹"下"火"，小火烤小鸟，属于慢慢地煎熬。"虑"为远虑。一切焦虑，都源于对未来的不确定、不肯定和难以把握，从而产生的煎熬的感觉。

未来虽不可知，但过去可以知，所以，在我们行走的当下，我们以往的文化，可以给我们一些温暖、一些警示、一些敬畏、一些慰藉……好吧，我们静静地观，静静地悟，静静地等待，等待海上生明月，等待沧海变桑田……

所以中国人愿意再来呢，愿意一世世地修，哪怕充满世俗的痛苦，哪怕生命千疮百孔，可是，有温柔的女人哪，有可爱的孩子哪，有酸甜的美食哪，有清凉的荷塘哪，有竖排的美丽的文字哪，怎么能让人割舍……所以，对国人而言，"活着"，就是永恒。

> 如果生命只有一次的话
>
> 人真的没有理由不悲观
>
> 如果人只活这一世　我们
>
> 该如何痛饮这生命的琼浆？

后记

就精气神而论，神是根，人之所思所想是枝叶，去掉枝叶，根就粗壮发达。所以人之静默、深潜，是一种成长。

我们不是一开始就能明白精神的内涵，就好比我们拥有身体，但我们对这个肉身常常视而不见、毫不知情。所以，除了肉体，我们也需要精神的训练——我们要倾听、阅读、交流、感受痛苦、沉思、体悟、禅修，这是一份孤独的、必须自己完成的工作，但唯有这份工作，是有意义的工作，它不会给你带来工资，但会让你强大和成熟。

"知我者谓我心忧，不知我者谓我何求，悠悠苍天，此何人哉。"——《诗经》

精神是一种能量，可以救赎，可以长存。

很有幸生在中国，很有幸生在这个方块字的国度，很有幸经历我们祖祖辈辈经历的痛苦，很有幸阅读他们的经典，并把它们继续传承……逃避和出离是个永恒的话题，但命运把我交给了你，我只能承担，必须承担，你给我的一切苦难和欢乐。

如那江河，入海之前，我本有名，一旦入海，我便以你为名……

每晚在宇宙的黑暗中沉思，并沉溺于文字，是一种热病，如同不可救药的爱情，在雨夜里，它甚至比爱情还要命……

再怎么看微博，也不如纸质的书好。书有油墨的香，可以随便在上面画道道；可以带着它到处走；可以自己读，也可以读给别人听；可以几年后翻出来再读一会儿；可以被别人不经意地卖了，又流落到他人手中……于是，你的一点点心意和这本书就这么走着，不定走到谁那儿，就开了一小朵花，结了一个果儿，也结了一个缘，真好。